DAS LEITBILD DEINES LEBENS

Sinn finden, Ziele setzen, Träume verwirklichen

以终为始

高效能人士的第二个习惯

[美] 史蒂芬·柯维 著

中国青年出版社

图书在版编目（CIP）数据

以终为始：高效能人士的第二个习惯 /（美）史蒂芬·柯维著，萧瑜译.
—北京：中国青年出版社，2024.1
ISBN 978-7-5153-7053-8

Ⅰ.①以… Ⅱ.①史… ②萧… Ⅲ.①成功心理－通俗读物 Ⅳ.①B848.4-49

中国国家版本馆CIP数据核字（2023）第225113号

Das Leitbild deines Lebens: Sinn finden. Ziele setzen. Träume verwirklichen.
© 2023 GABAL Verlag GmbH, Offenbach
Published by GABAL Verlag GmbH
Simplified Chinese rights arranged through CA-LINK International LLC (www.ca-link.cn)
Simplified Chinese translation copyright © 2023 by China Youth Press.
All rights reserved.

以终为始：高效能人士的第二个习惯

作　　者：［美］史蒂芬·柯维
译　　者：萧　瑜
责任编辑：肖妩嫔
文字编辑：黄　婧
美术编辑：杜雨萃
出　　版：中国青年出版社
发　　行：北京中青文文化传媒有限公司
电　　话：010-65511272 / 65516873
公司网址：www.cyb.com.cn
购书网址：zqwts.tmall.com
印　　刷：大厂回族自治县益利印刷有限公司
版　　次：2024年1月第1版
印　　次：2024年1月第1次印刷
开　　本：880mm×1230mm　1/32
字　　数：40千字
印　　张：5
京权图字：01-2023-2496
书　　号：ISBN 978-7-5153-7053-8
定　　价：49.90元

　　当你知道什么对你而言是真正重要的时，生活会变得与众不同。

目录 CONTENTS

第**14**章 践行个人使命宣言 149

　　利用你在本书中学到的一切来撰写你的使命宣言，成为职场和家庭中的高效能人士，感受原则的强大力量！

第 1 章　你的使命宣言：一生中最重要的任务

我热爱我的工作吗？我生活的每一天怎么样？我这辈子到底想做什么？我来到这个世界是为了什么？我们都会在某些时刻问自己这些问题，我们奋力奔跑想要找到答案。这本书将帮助你！在这里，你可以逐步了解如何制定个人使命宣言，你会发现是什么驱使着你向前，你内心深处想要什么，什么让你从心底里感到快乐。最后，你将拥有自己的个人使命宣言，引导你自内而外实现高效能。

什么是个人使命宣言

维克多·雨果曾说：没有什么比一个时机已到的想法更强大。使命宣言就是这样一种想法，有些人也称之为信条或生活哲学。无论你怎样描述它，最重要的是考虑清楚五个基本问题：

▶ 你生命的独特意义是什么？为什么？

▶ 你想成为什么样的人？哪些人格品质对你而言是重要的？

▶ 你想做什么？你想做出哪些贡献和服务？

▶ 你的所想和所做应该基于哪些价值观和原则？

▶ 你想要为之奉献一生的事业是什么样的？你想为这个世界带来什么？

个人使命宣言，能为你带来什么

你的个人愿景、价值观和原则比过去的伤痛或现在的"噪声"更强大、更重要、更有影响力。这就是为什么制定个人使命宣言是你的生活中最重要的事情之一。你的使命宣言塑造了你的世界观，是你做决定的指导方针，给你的生活一个明确的方向。有了使命宣言，你不仅可以对自己的情绪、外部环境或他人的行为做出反应，还可以在遇到困难的时候，积极主动，以价值观为导向，有原则地行事。

 当你致力于你的使命宣言时，你的生活将会发生积极的改变。你会不断调整并重新思考你的做事方式，使你的行为与你的价值观和原则保持一致。一旦你开始实践这一点，你以及你周围的人都会很明显地发现，你不再任事情随意摆布，不再碌碌无为，而是掌握了人生的自主权。

撰写你的个人使命宣言将是一件非常有趣的事情，并为你带来关于你自己和生活的全新见解。你会发现自己未知的一面，并因此感到惊讶。因此，翻开这本书，踏上你的旅程吧。这本书既是指南针和灵感来源，又是你的朋友，它将陪伴并引导你找到个人使命宣言！

你的个人使命宣言

……是为你指明通往有意义、有效和成功生活的指南针；

……简明扼要地总结你的人生愿景；

……说明你想成为什么人，想做什么事；

……阐明你生活的真正意义；

……描述你想遵循的原则和价值观；

……即使在艰难的时刻也能保持正确方向；

……告诉你每天可以做什么来实现你的目标；

……时刻提醒你什么对你真正重要。

偏离轨道的90%人生

人生和飞机飞行很像，至少有90%的时间我们都无法完全处于预定航线上。

没有计划和路线修正是行不通的

在飞机起飞前，飞行员需要明确知道目的地和飞行路线。但在飞行过程中，天气状况和许多其他因素导致飞机无法完全按照既定的航线航行，至少有90%的时间是偏离航线的！听起来很糟糕，毕竟在万米高空之上，我们只能相信飞行员。但上述情况发生时，飞行员会检查仪表、与塔台交谈，并从空中交通管制员那里得到反馈，进而修正航线。最后，飞机按计划安全抵达正确的目的地。

你驾驶着人生的飞机，也需要有一个吸引你的目的地。这个对你而言重要且有意义的地方会明确出现在你的使命宣言里。尽管90%的时间里你无法完全处于正确的航线上，但你的使命宣言为你提供了指引、支持和希望，帮助你一次又一次地回到你的前进方向上。

这就是使命宣言的秘密：明确目的地和计划路线，并帮助你不断修正方向，回到正确的航线上，一次又一次，一遍又一遍……

你的梯子搭在正确的墙上吗

为了实现你的人生愿景，你需要定期检查自己的前进方向。然而，这说起来容易，做起来难。飞机的驾驶舱内有很多仪器，飞行员可以利用这些仪器检查航线。如果飞机偏离了计划的飞行路线，警告灯和警报声会立即发出提醒。此外还有塔台和空中交通管制员，他们也会通知并指导飞行员修正偏离的航线。但是，在现实生活中，很难做到这一点。

 许多人一心想攀登成功之梯，却在某些时候意识到梯子靠错了墙。

如果梯子靠在错误的墙上，每走一步，你只会离目的地越来越远！"梯子测试"会让你明确你的梯子是否靠在正确的墙上，你是否在做正确的事。思考下面的问题并写下你的答案。

梯子测试

你确定你的梯子搭在正确的墙上吗？

确定，因为_____

不确定，因为_____

你最近有没有移动过你的梯子？

_____

_____

你在考虑移动你的梯子吗？为什么？

_____

_____

_____

_____

_____

第 **2** 章　以终为始

当你确立你的个人使命宣言时，首先要确保梯子靠在正确的墙上。从现在开始，由你来决定人生的前进方向和路线。那么，你在一开始就已经考虑到了终点。也许，你已经读过《高效能人士的7个习惯》这本书，你注意到了我们现在说的正是第2个习惯：以终为始。在开始这一章的内容之前，让我们快速回顾一下这7个习惯。

快速回顾：高效能人士的7个习惯

习惯1：积极主动

不要让外部环境或他人的看法决定你的行为，摒弃被动的受害者角色，成为自己人生的主宰者。

习惯2：以终为始

你想创造什么？你想为这个世界留下什么？制定你的个人使命宣言，指引你的前进脚步。

习惯3：要事第一

为事情设定优先次序，对不重要的事情说不。无论迫切性如何，做对你来说真正重要的事情。

习惯4：双赢思维

找到互惠的解决方式，确保每个人都是赢家。

习惯5：知彼解己

成为一个懂得倾听的高手，以诚心去了解别人，找出对方的真实想法和感受。

习惯6：统合综效

$1+1>2$，欣赏和利用差异。向他人学习，从他们的知识、经验和长处中获益。

习惯7：不断更新

从身体、精神、智力和情感四个方面不断更新自己，给自己时间和空间认真享受生活中的美好事物（不要有罪恶感），好好照顾你自己和你的亲人。

两次创造的原则

一切都经过了两次创造，精神世界中的创造和现实世界中的创造。你甚至都没有意识到，但你一直在这样做：

▶ 你在去超市之前，写好了一份购物清单

▶ 你在烘焙蛋糕之前，阅读相关食谱

▶ 你在做演讲之前，准备了一份提纲

▶ 你在假期到来之前，准备旅行攻略

任何事情在由概念变为现实之前，都经过了两次创造。这对你和你的生活而言，意味着什么？

生活的拼图

你把1000块拼图倒在桌子上，然后你拿起了拼图盒子的盖子，你想要看看拼好的完整图案。但是盒子上并没有印刷图片，印有图片的那本说明书，不知道被你丢到了哪里。你怎么才能在不知道图案细节的情况下拼好这幅拼图呢？你没有一点儿线索，不知道该从哪里开始。

现在请想象一下，你的生活也是一幅巨大的拼图。你对完整的拼图有一个清晰的印象吗？你对拼图的每一块放在哪里有想法吗？

让你的生活成为杰作

　　想象一下，你的生活是一幅画。你可以随心所欲地设计这幅画。你会画什么？

_____

_____

_____

　　人生只有一次，尽情绘制属于你的人生蓝图吧！

你将要走向何处

以终为始的意思是目的地带你走向那个正确的方向。这就像盖房子一样：

首先是计划，然后是建造

在第一块草皮被翻开之前，你已经对房子的样貌和各功能分区有了一个大致的规划。首先，你的房子承载的是一个舒适的二人之家吗？或许是一个温馨的三口之家呢？你梦想有一个巨大的花园吗？你想要为你的孩子规划一个游戏室吗？你想要为你的家人和朋友规划一个聚会的客厅吗？你明确需求，并且发挥想象力，直到你的脑海中绘制了一幅理想房子的蓝图。然后，你满怀对家人的爱和自己的梦想，把这幅蓝图转变成一个具体的建筑计划，直到房子完工那一天。只有当你仔细规划了一切时，正式的施工工作才能有条不紊地展开。

如果你跳过规划阶段，直接开始建造呢？那么你就必须在以后做许多改变和修正。这将花费大量额外的时间和金钱。木匠的格言是："测量两次，锯一次。"这意味着：你必须确定你的建筑计划，你的房子蓝图。在你确切了解自己的真实想法，并且制订了周详的计划之后，最后呈现出的房子样貌才能符合你的预期。同样重要的是，在施工阶段，你每天都要牢记自己的计划与初心。这样，你在一开始就已经想到了目的，你总是清楚地知道需要做什么。即使在施工过程中遇到阻碍，计划和初心也会助你顺利渡过难关，而不至于太慌张。

为什么以终为始很重要

下面这个故事是我的朋友安妮告诉我的，她显示了第二条原则有多么重要。

在社区学院

我是一名在社区学院教书的老师。作为学生们的讲师和朋友，我告诉他们习惯、目标和原则的力量，不可思议的是，无论他们或年轻或年长，都被7个习惯深深地吸引了。我想知道，他们从哪个习惯当中获益更多，哪个习惯深深地影响了他们；我还想知道，在我的课程中他们收获了什么。因此，在学期末的测试中我加了一道奖励问题，题目是：

7个习惯当中的哪个习惯对你而言是重要的以及为什么很重要？

学生们对这个问题的回答让我感到惊讶，几乎所有人都选择了第二个习惯：以终为始。关于重要性的原因，学生们给出的理由各不相同。但是回答导向了一个共同的方向，大多数学生在"以终为始"原则的引领下，第一次带着清晰的方向和价值观来审视自己的人生，开始规划自己的未来。在学期伊始，很少有人对自己以后的生活有一个粗略的概念。他们根本不清楚自己大学毕业后想学什么，想从事什么职业。许多人上大学只是因为其他人也在这么做，或者是承载了别人对他们的期望，或者他们想要逃避工作和竞争的压力和迷茫。当我看到这些学生给出的答案时，我意识到：

> 几乎我的所有学生在上大学之初都没有人生愿景，也就是没有驱动他们向前的生活目标，没有他们想要完成的事情，没有他们想要做出的贡献。但在学期结束时，我的学生们一致说了同一句话："习惯2让我受益匪浅，现在我终于知道我生命的意义和目的是什么。"

为什么这让我如此惊讶？可能是因为我很早就清楚地知道了我的人生目标。我不知道是谁或什么让我专注于我的人生愿景和目标。但我做到了，并很高兴看到我的学生们也在朝着各自的目标努力前行。

你是为你自己而活，还只是被动地活着

如果你对你的人生没有规划，相当于航行的水手弄丢了指路的罗盘，你失去了对方向的辨认，对前进路线的掌控。你将前行的指挥权交与大海，你变得被动。做别人期望和告诉你做的事，由他人决定你走哪条路。你的生活是由其他人塑造的，而不是由你的价值观和原则塑造的。就好像是别人在你的人生蓝图上写写画画，而你却无意识地按照他人递给你的剧本行事。在这种情况下，你并非为自己而活，而是活在别人的期待、命令和评价中。或者换一种说法：

 你的现在要么是你积极主动规划人生的结果，要么是外部环境驱使或其他人塑造的结果。

请找一个安静、不受干扰的地方阅读接下来的几页。让自己舒服一点，只专注于你正在阅读的内容，把其他一切都抛在脑后。让你的想象力发挥到极致，在你的脑海中想象以下内容，直到最小的细节：

庆祝你的生日！

今天是你的80岁生日，你要和你爱的人们一起庆祝。

想象一下你的家人、你的老伙计们、你以前的要好同事和新认识的朋友们满脸笑容的样子，他们都是来为你祝寿的。宴会结束后，所有的客人都高兴地坐在一起，现在有四位祝福者想为你送上贺词：

▶ 第一位发言人来自你的家族成员，大家族的大多数成员从全国各地赶来与你一起庆祝生日。

▶ 第二位发言人来自你的朋友团，他们与你一起长大，对你再熟悉不过了。

▶ 第三位发言人是你在退休之前一起工作的同事，你们在离开职场之后，依旧保持固定的交流频率和良好的关系。

▶ 第四位发言人是一位熟人，他与你一起在协会里做志愿工作。

请认真思考以下问题

▶ 你希望从每个发言人那里听到关于你自己和你的生活的什么?

▶ 你希望发言人记住你做的哪些事情?这些事情对他们有帮助吗?

▶ 你希望你自己被描述成什么样的人,具有何种品格和特质?

▶ 你希望被描述成什么样的父母?

▶ 你希望被描述成什么样的孩子?

▶ 你希望被描述成什么样的伴侣?

▶ 你希望被描述成什么样的朋友?

▶ 你希望被描述成什么样的同事?

暂停一下,花足够的时间来思考上面的问题,并写下你的答案。在接下来的一页中,写下你脑海中出现的关键词。

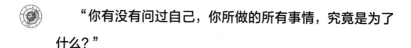 "你有没有问过自己,你所做的所有事情,究竟是为了什么?"

四份生日祝福

你的家人说：

_____

_____

_____

你的老伙计说：

_____

_____

_____

你的同事说：

_____

_____

_____

你的新朋友说：

_____

_____

_____

第 **3** 章　你生活的中心

你是否仔细想过，你收到的生日祝福中也暗含了你一直以来的生活中心，你花精力最多的地方。无论是有意还是无意，无论是主动还是被迫，每个人的生活总有中心。下面是一些典型的例子。

伴侣

无数男女在爱情中挣扎反复，亲密持久的婚姻或伴侣关系可能是人们最想求得却又总是求之不得的一种关系。但完全以伴侣为中心，在我看来并不是一个好主意。几乎所有以伴侣为中心的关系都以强烈的情感依赖为特征，我们将自己的幸福建立于伴侣的行为举止和情绪感受之上，这使我们缺乏安全感，极易感情用事，失去了前进的方向、智慧与力量。

家庭

家庭是爱的避风港，家的存在让我们活得更有归属感，活得不至于那么累。完全以家庭为中心的人从家庭的传统和荣誉中获得安全感和自尊，但他们也容易受到传统和荣誉传承的因素的影响。天大地大，家族最大，一切有损家族声誉和利益的事情，都是不被接受的。

金钱

谁也无法否认金钱的重要性，经济上的安全感也是人类最基本的需求之一。完全以金钱为中心的人从酬劳和薪水中获得安全感，不惜将自己的家庭以及其他优先事项放在一边。然后，用看似合理的理由来美化自己的这一行为（例如，希望挣更多的钱，为家人提供更好的生活）。那些把金钱放在生活中心的人忽略了真正重要的人和事，给身边亲近的人带来了危机。

工作

以工作为中心的人可能经常为了工作牺牲自己的自由时间、身体健康或家庭关系。他们通过工作来定义自己："我是部门主管……""我是理财顾问……""我是公司审计……"。一旦无法工作，便失去了生活的意义。他们不知道如果不工作还能怎么生活，任何妨碍他们工作的因素都很容易影响到他们的安全感。

名利

许多人深受占有欲的驱使，通过所拥有的名利来肯定自己的价值。不仅想把物质上有形的东西，如房子、车子、珠宝或名牌服装，据为己有，对于那些无形的东西，如名声、声望或社会认可，则更为渴望。面对名气、地位高于自己的人则低声下气，面对这些方面略逊自己一等的人便趾高气扬，是实打实的双标。

享乐

今天，我们可以立刻满足许多当下的欲望，而且我们不断被鼓励这样做。粉末化获取信息和快乐的时代，已侵蚀了我们生活的方方面面。获取短暂的快乐和刺激太过容易，以享乐为中心的人会很快觉得厌烦，他们总是想要更多，渴望用更高层次的刺激和快感填满时间。久而久之，沉溺于此，他们便会以当下的快乐和幸福衡量一切。

朋友

青少年尤其倾向于以朋友为中心，被接受和属于一个同龄人群体对他们来说非常重要。他们几乎沉迷于得到群体成员的认可，不惜对群体内流行的价值观照单全收。但这会造成他们在感情上过度依赖于群体，易受他人感觉、态度、行为或情绪的强烈影响。

敌人

当某人感到被身边的人不公平地对待时，在敞开心扉交谈与思考解决办法之前，会将对方视为假想敌。"他这么做，就是故意的！""他就是在针对我！""他让我们的关系变得更糟了"，心中放不下对对方的怨愤，需要不断谴责对方的缺点来证明自己的无辜。殊不知，竟将自己内在的安全感寄托于外在的，即他人的情绪和行为，任由别人牵着鼻子走。

自我

最常见的中心可能是一个人的自我，这是最明显的自私表现。以自我为中心的人认为，世界只围着他们转。他们只顾着自己，几乎没有注意到周围的人。狭隘的自我中心观会使人丧失安全感和人生方向，也不会带来持久的行动力量。

你将如何做出决定

你想知道不同的中心对我们的决定有多大影响吗？那么现在就让我们从不同角度来看一个具体问题：想象一下，你邀请你的伴侣参加今晚的音乐会。现在是下午5:30，你正准备回家。你的老板打来电话，老板说今晚急需你帮忙准备一个重要会议。你现在该怎么办？加班还是去听音乐会？你的决定取决于你生活的中心是什么：

伴侣

你的伴侣是你生活的中心吗？那么你会尽一切努力不让他/她失望。你告诉老板很遗憾你今天不能再继续工作了，然后和你的伴侣一起去听音乐会。

家庭

如果你以家庭为中心，你就会决定不加班。你知道，一旦家庭关系出了问题，就会给生活的方方面面带来压力。

金钱

当金钱成为你生活的中心时，你主要考虑的是加班的额外报酬，以及由于你的巨大付出而有望获得加薪的机会。于是，你打电话给你的伴侣，告诉他/她你必须取消音乐会。你认为他/她会理解经济问题是第一位的。

工作

工作是你生活的中心吗？那么你就会看到加班带来的机会。你可能会赢得老板的关注，促进你的职业发展。你乐于证明自己的工作有多出色，有多尽职尽责。你认为你的伴侣应该为你感到骄傲！

名利

如果你是一个注重名利的人，你会想到通过带薪加班可以实现的价值，比如提升个人形象。你确信你的伴侣也会从中受益。

享乐

快乐是你生活的中心吗？那就干脆把工作抛在脑后。毕竟，下班后的加班中总是很痛苦的！

朋友

你注重友谊吗？当你邀请要好朋友和伴侣一起参加音乐会时，你大概率不会加班。如果你在工作上的朋友也在办公室待到很晚呢？

敌人

如果你以工作中的竞争对手为中心，你会加班到很晚。毕竟，这是一个打击对手的良机。当他/她在放松的时候，你却在忙忙碌碌。你将向所有人证明，你，而不是他/她，才是公司的宝贵财富。

自我

如果你以自我为导向，你就会做对自己最有利的事。因此，你会想：是晚上和伴侣出去听音乐会对你更好？还是在老板面前表现自己更好？

现在你已经知道了不同的中心对你的决定有什么影响，但你能准确识别自己的生活中心吗？

你的生活中心是什么

识别另一个人的中心往往比识别你自己的中心要容易得多。你可能认识一个把赚钱看得高于一切的人，或者你认识一个与他们的伴侣不断发生冲突的人。但你认识自己吗？你能准确识别出你的生活中心吗？请浏览下图，然后标出你的生活中心。也许在图中你没有找到属于自己的生活中心，那就在其中一个空的圆圈里写下你的生活中心。顺便说一下：你很可能有不止一个生活中心。

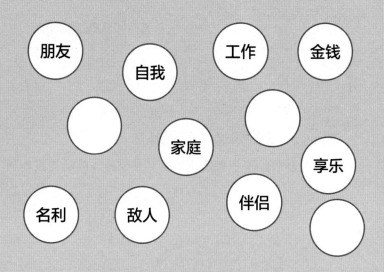

你的生活是否像坐过山车一样

你是否对你的生活中心有了清晰的认识？你有一个单一的中心吗？还是有几个？你过去的生活中心与当下的生活中心一样吗？改变的原因是什么？可能是某个中心的基本需求得到满足，这时另一个中心的需求就会成为生活的驱动力。但这样一来，你的生活就像坐过山车一样。因为：

 稳定的生活中心是高效和有意义的生活的先决条件。

稳定的生活中心能够给予你高度的安全感、方向感、洞察力和力量，能加强你的自信心、提高你的主动性并给予你的生活平衡舒适感。我想说，这个中心是存在的！它由**普遍和基本的原则**组成：

▶ 原则超越时空的限制，恒久不变且历久弥新；

▶ 原则不像其他中心那样多变，因此值得信赖；

▶ 原则不会怂恿你投机取巧，不劳而获；

▶ 原则的有效性不依赖于周围的环境、他人的行为或任何
  潮流。

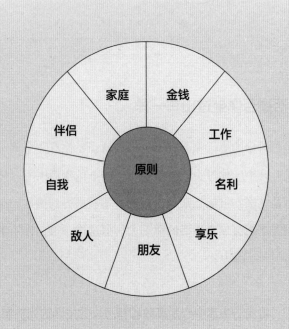

第 **4** 章　以原则为中心，让一切有所不同

　　我们都知道地心引力的存在。我们把一个小球高高向上抛起，因为重力原因，它会在抛到最高点时，迅速向下落。这是一条自然法则，一个原则。这个世界的原则无处不在，诚实、爱、勤奋、公平、尊重、感激、谦虚、公正、忠诚……这些都是原则。

　　就像罗盘总是指向北极的方向一样，在你内心深处也知道原则是什么。

　　原则参与了我们的成长，见证了我们的幸福。基本上，你无法反驳原则。试想一下，生活以原则的对立面为中心，会是什么样子？谁会把虚伪、懒惰、背叛作为幸福人生的基础？

原则会给你带来许多好处！

当你把永恒的、普遍的原则作为你生活的中心时：

▶ 你为不断成长和积极的个人发展奠定了基础。

▶ 你不允许外部环境或其他人来决定你的生活。相反，你会主

动地、有意识地做出决定。

▶ 你可以确信，你将取得可预测的、可持续的结果。

▶ 你确保你将实现对你长期而言至关重要的目标。

正如你所看到的，把永恒的、普遍的原则作为生活的中心是值得的。因为原则是不可动摇的，也是不可侵犯的。

 与其他生活中心不同，原则永远不会让你失望。原则不会在你的背后对你指手画脚，或者离你而去。原则绝不会因为任何人的背景、银行账户或外表而偏袒他们。

寻找你的生活原则

原则是稳定和不可动摇的生活基础。哪些原则对你来说是重要的？请从下列选项中勾选你的答案：

勇气 ●	创造力 ●	爱 ●	伦理道德 ●
生活的平衡 ●	细致 ●	开朗的心态 ●	耐心 ●
沟通 ●	忠诚 ●	同情心 ●	信任 ●
卓越 ●	环保 ●	勤奋 ●	满意 ●
平等 ●	专业精神 ●	自由 ●	谦虚 ●

公平 ● 社会责任感 ● 可靠 ● 力量 ●

正念 ● 公正 ● 合作 ● 乐观主义 ●

理解 ● 尊重 ● 诚信 ● 善良 ●

幽默 ● 团队精神 ● 责任感 ● 慷慨 ●

和谐 ● 开放 ●

你还能想到其他的原则吗？那就马上把它们写下来：

_____

_____

哪些原则是你真正想要的

你是否发现许多原则对你都很重要？但请不要过度苛求自己，遵循内心真正的想法，在下图的圆圈里写下对你而言真正重要的那些原则：

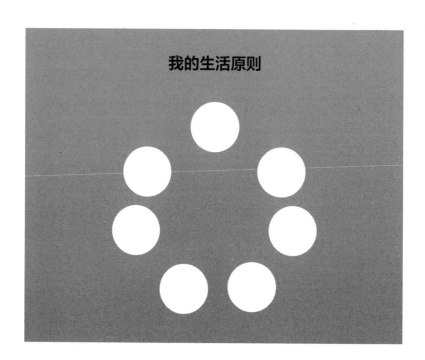

我的生活原则

第 **5** 章　确定角色和目标

为了真正将自己的原则付诸实践，审视一下自己的人生角色是有帮助的。我们都扮演着不同的角色。请看看下面方框中的角色，然后勾选出你的角色。

伴侣 ●　　　社区或俱乐部成员 ●

女儿或儿子 ●　　　企业家 ●

父亲或母亲 ●　　　经理 ●

姐妹或兄弟 ●　　　雇员 ●

宠物主人 ●　　　同事 ●

你是否在生活中扮演着其他角色？请写下来。

_____

_____

当你审视自己的角色时，你很快就会意识到：有相当多的角色！角色之间有冲突怎么办？如何应对不同角色的过渡？充当不同角色时应该考虑什么？这些问题经常困扰着我们，我们不能对所有的角色都一视同仁。对一些人来说，他们把一切都置于工作之下，将家庭、朋友、爱好、健康和其他许多事情都放在一边。他们失去了高效生活必需的区分轻重缓急的能力、平衡以及自然的生态。那么你呢？是否有一些角色完全占据了你的生活？你是否因此忽略了其他关键角色？

占据你大量时间的角色：

_____

_____

_____

你忽略的角色：

_____

_____

_____

在你的生活中，哪个重要角色在任何情况下都不应该被忽视？

_____

_____

_____

7个主要角色

谈到生活角色，格言是："少即是多！"想要在同一时间安排好很多角色是没有意义的，并且这样做对自己和其他人都没有好处。冷静地思考你的角色，然后有意识地支持或反对几个角色。最后，在下图的圆圈里写下你的7个主要角色。当然，你也可以把几个角色合并在一个总称下。但是要记住，只有当你能真正调和这些角色时，这么做才是合适的。

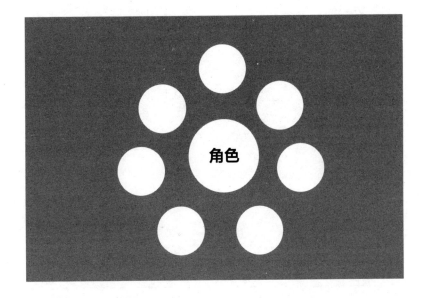

你的长期目标是什么

你已经确定了你的7个主要角色，那么下一步就是思考你要为这7个角色中的每一个角色设定哪些重要的长期目标。让我们以你的职业角色为例：你是一名销售人员、经理、企业家还是产品开发人员？从长远来看，你想在工作中实现什么？哪些原则对你来说是重要的？

☐ 角色：＿＿＿＿＿＿
☐ 目标：＿＿＿＿＿＿

☐ 原则：＿＿＿＿＿＿

☐ 角色：＿＿＿＿＿＿
☐ 目标：＿＿＿＿＿＿

☐ 原则：＿＿＿＿＿＿

☐ 角色：＿＿＿＿＿＿
☐ 目标：＿＿＿＿＿＿

☐ 原则：＿＿＿＿＿＿

☐ 角色：＿＿＿＿＿＿
☐ 目标：＿＿＿＿＿＿

☐ 原则：＿＿＿＿＿＿

□ 角色：＿＿＿＿＿＿＿

□ 目标：＿＿＿＿＿＿＿

＿＿＿＿＿＿＿＿＿＿＿

□ 原则：＿＿＿＿＿＿＿

＿＿＿＿＿＿＿＿＿＿＿

□ 角色：＿＿＿＿＿＿＿

□ 目标：＿＿＿＿＿＿＿

＿＿＿＿＿＿＿＿＿＿＿

□ 原则：＿＿＿＿＿＿＿

＿＿＿＿＿＿＿＿＿＿＿

□ 角色：＿＿＿＿＿＿＿

□ 目标：＿＿＿＿＿＿＿

＿＿＿＿＿＿＿＿＿＿＿

□ 原则：＿＿＿＿＿＿＿

＿＿＿＿＿＿＿＿＿＿＿

你已经明确了你的人生角色、原则和目标，接下来是时候找出你真正想做的事情是什么。下面的示例将引导你思考。它摘自美籍幽默大师和作家埃尔玛·邦贝克（Erma Bombeck）的专栏"少吃松软的奶酪，多吃冰激凌！"：如果我能再活一次，我会更经常地说"我爱你"和"对不起"，我会更好地倾听他人的意见。而最重要的是，我会珍惜每一分钟……

现在轮到你了！

写下你想要在生活中做的不同、更好的事情，同时思考一下你想以哪些原则为指导：

_____

_____

你生命的真正意义是什么

维也纳大学神经和精神病学教授、犹太人大屠杀幸存者维克多·E. 弗兰克尔（Viktor E. Frankl）从"二战"纳粹集中营中走出，用一生证明绝处再生的意义。在他最具影响力和令人动容的经典之作《活出生命的意义》中，他描述了自己在集中营的经历。在一切都被剥夺殆尽的环境中，这位神经科学家、这位心理学家仍试图对生命的意义保持敏感。他喜欢引用弗里德里希·尼采（Friedrich Nietzsche）的一句话：

 　　一个人知道自己为什么而活，就可以接受任何一种生活。

　　维克多·E. 弗兰克尔深信，每个人都有属于自己的答案，有自己的个人生命意义。他一再强调，寻找生命的普遍意义是徒劳的。他用一个小故事说明了这一点：

> 　　一位记者采访了一位世界象棋冠军。
>
> 　　记者问："请您告诉我，世界上最好的国际象棋动作是什么？"
>
> 　　大师回答："单独谈论这件事情是没有意义的，国际象棋中的最佳棋步完全取决于比赛的情况和对手的特点！"

　　美国著名作家、神话研究的顶级学者约瑟夫·坎贝尔（Joseph Campell）的看法也与之相似：

生命是没有意义的，所以自然谈不上寻找生命的意义。生命向我们提出了问题，要我们回答、解决，我们的回应赋予了生命意义。别再追问，别再找寻，你就是答案。

走自己的路！

使命宣言引导你专注地走自己的路，并赋予你的生活以个人的意义。维克多·E. 弗兰克尔曾说，每个人在这个世界上的独特使命，不是被发明创造出来的，而是一直深深根植于我们的内心，我们发现了它。

我喜欢这个想法。我相信，每个人都有一种内在的感觉，一种良知。这种内在的声音使我们清楚地了解我们的独特性，了解我们生活的更深层意义，以及只有我们才能做出的特殊贡献。借用维克多·E.弗兰克尔的话说：

每个人都有自己的特殊使命或人生召唤。只有他/她能完成这个使命，他/她不能被取代。每个人的使命都是独一无二的，就像他/她完成使命的个人能力一样。

属于你的、独一无二的个人使命往往蛰伏在你的天赋和才能中。有时，它表现在你对一种事业或一项任务的热情。如果你留心观察，会听到内心的声音在鼓励你前进。但是，如何才能发现你真正的使命和生活的更深层意义？让我们一起踏上探索的旅程吧！

你想把生活引向哪个方向

请花时间深入思考这段旅程中你可能会被问到的问题。这些问题会帮助你直面自身，清楚地了解你喜欢做什么，你做事的动机，以及你未来的生活方向。顺便说一句：在前几章中，你已经回答过一些问题。因此，请随时回忆这些关键点和你的想法。

①

你最喜欢做的事情是什么？

请写下你现在喜欢做的7件事：

阅读、运动、跳舞、思考？……

_____

_____

_____

2

什么驱动你去做这件事？

一个特别的人？一个美丽的地方？一项特殊的活动？

- [ ] _____
- [ ] _____
- [ ] _____
- [ ] _____

3

什么激励你继续做下去？

我的表现会达到最佳，当……

- [ ] _____
- [ ] _____
- [ ] _____
- [ ] _____

什么让你产生了放弃的念头？

有时我的效率不是很高，当……

□ _____

□ _____

□ _____

什么让你快乐？

你工作的哪一部分让你快乐？

你生活的哪一部分让你快乐？

□ _____

□ _____

□ _____

□ _____

哪些原则是你真正想要的?

你想遵循怎样的原则,过好这一生?

☐ _____

☐ _____

☐ _____

☐ _____

你如何形容你自己?

一只动物、一朵花、一首歌:什么可以表达你自己?

☐ _____

☐ _____

想一想你真正钦佩的人,这个人身上的什么品质是你想拥有的?

☐ _____

☐ _____

8

什么让你与众不同？

你的才能、你的真正潜力是什么？

☐ ＿＿＿＿＿＿＿＿＿＿＿＿＿＿＿

☐ ＿＿＿＿＿＿＿＿＿＿＿＿＿＿＿

☐ ＿＿＿＿＿＿＿＿＿＿＿＿＿＿＿

☐ ＿＿＿＿＿＿＿＿＿＿＿＿＿＿＿

9

你的梦想是什么？

如果你拥有无限的时间、金钱和
资源，你会做什么？

☐ ＿＿＿＿＿＿＿＿＿＿＿＿＿＿＿

☐ ＿＿＿＿＿＿＿＿＿＿＿＿＿＿＿

☐ ＿＿＿＿＿＿＿＿＿＿＿＿＿＿＿

☐ ＿＿＿＿＿＿＿＿＿＿＿＿＿＿＿

10

你的个人使命宣言是什么?

你想成为什么样的人? 你想
做出什么样的事情? 你想为世界
带来什么样的改变?

- [ ] _____
- [ ] _____
- [ ] _____
- [ ] _____

你的7个人生目标

你已经回答了探索之旅的所有问题吗？再回顾一下，并在对你特别重要的答案上做标记。理性的思考之外，还要倾听你的心声，关注你的第一想法。然后从你的答案中得出7个最重要的人生目标，并在下面的圆圈中写下这些人生目标。

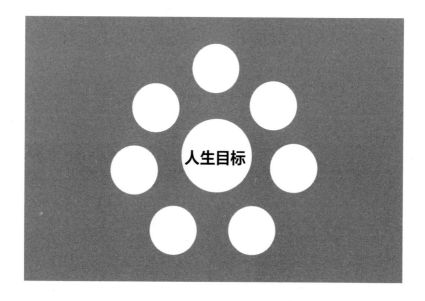

第 **7** 章　真相时刻

克莱顿·M. 克里斯坦森（Clayton M. Christensen）是近几十年来最重要的管理思想家之一。他是影响乔布斯一生的人，也是比尔·盖茨、安迪·格鲁夫的座上宾。在哈佛大学商学院第20届毕业典礼上，他做了主题演讲，公开谈论了生命中真正重要的东西。他给出的关键信息是，不要搞砸了！

在克莱顿·M. 克里斯坦森的同学中，不乏很多起点很高的人，最后却落得一败涂地。他们中没有一个人最初是这样想的：

▶ 我想让我的工作支配一切！

▶ 我为了获得金钱和成功可以不计代价！

▶ 我希望我的孩子不和我说话！

▶ 我将成为一个酒鬼或吸毒者！

▶ 我不关心什么是幸福和有意义的生活！

到底发生了什么？这样的生活状态一定不是他们想要的，那到底是什么让他们一再做出不符合其价值观和原则的决定？如何防止这种情况发生？克莱顿·M. 克里斯坦森在他的演讲中回顾了他在一家国际知名咨询公司开始第一份工作的故事：

你不被工作绑架的日子有多少？

初次进入这家公司时，克莱顿·M.克里斯坦森发现，他的同事几乎是昼夜不停地工作。但年轻的克莱顿说："我必须赶上下午6点回家的火车！"他没有告诉任何人，晚上7点和8点也有回去的火车。

此外，他的妻子和他共同做出了一个决定，他们要在周末参与社区的志愿工作。克莱顿开始工作后不久，他被要求在周日到办公室来工作。他是公司的新人，怎么能说他不能在周日工作，因为他有其他优先事项？

克莱顿·M.克里斯坦森面临着很大的压力。他不想失去他的新工作。尽管如此，他还是坚持拒绝在周日工作。他的主管几乎无法相信这一点，他相当恼火，他接着说：那你周六来工作吧。但克莱顿·M.克里斯坦森回答："对不起，我的周六是属于我的家人的。"主管惊呆了，然后他冷冷地说："请问你到底在哪一天工作？"

克莱顿·M.克里斯坦森在他的演讲中叙述了他如何坚持自己的想法，坚持做对的事情。他认为，如果他允许自己破例一次，那之后就会有无数次。这个决定是众多决定中的第一个，这奠定了他生活和工作的基调，让他无愧于自己和家人。

克莱顿·M.克里斯坦森是最好的证明，你可以在不忽视你的价值观和原则的情况下获得你想要的成功。他给听众的建议是：

 确定什么是你生活中真正的优先事项。然后，无条件支持你的决定！

在演讲结束时，克莱顿获得了雷鸣般的掌声。他以自己的亲身经历为引，引导他的听众去思考两个关键问题：

▶ 你个人如何定义成功？

▶ 你希望你做出的决定将把事情导向何处？为你的生活带来何种改变？

使命宣言为你提供了这些问题的答案。它可以帮助你专注地去做那些重要但不紧急的事情，帮助你在关键时刻守住初心，做出正确决定：

 你必须使你现在想做的事服从于你最终想要做成的事。

这就是幸福、高效和有意义的生活的关键，是我们穷尽一生都想努力做到的事情。

这是你的决定！

诚然，要优先考虑你的长期优先事项和你的大目标并不总是容易的。但是，这是你的人生，你有权做出对自己更好的决定！你的行为不取决于外部环境或其他人，而完全取决于你自己。因为刺激和反应之间存在一个空隙。在这个空隙里，人有选择的自由，可以决定自己的反应。我们的成长和幸福就在于这种自由。

不管发生什么，来自外部环境的刺激和你做出的反应之间始终存在一个空隙。不论是下意识地被动接受刺激还是主动采取行动，这其实都是你做出的选择。

▶ 人们很容易在遇到刺激和挑战的第一时间，下意识地接受或拒绝。这种条件反射式的反应可能会阻碍我们做成许多事情。

▶ 主动采取行动的人利用刺激与反应之间的空隙，为自己按下"暂停键"，并仔细思考自己的决定，根据自己的原则、价值观和目标采取行动。

我们每天都会做出很多决定。在做决定之前，问问自己：

▶ 我们是否只是做出下意识的反应，选择对我们目前来说最容易和最舒适的路？

▶ 我们是否主动采取行动，尽管艰难，也依旧选择能够帮助我们实现长期目标和人生梦想的道路？

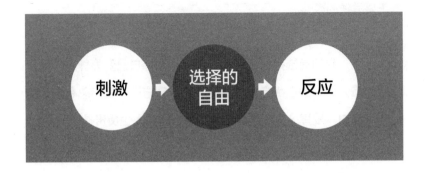

当然，积极主动的人也会受到外部刺激的影响。但他们的反应不是基于他们的直觉，而是基于他们的价值观和原则。这些价值观和原则已经被他们精心选择并坚定地内化了。拉尔夫·瓦尔多·爱默生（Ralph Waldo Emerson）说：

没有什么能像原则那样，给人的生活带来安全感和方向感。

圣雄甘地（Mahatma Gandhi）说：

行动表达了优先事项。

积极主动的人将自己视为自己生活的创造者。他们不满足于副驾驶或乘客的角色，牢牢把握住自己人生的方向盘，勇敢而坚决地走自己的路。他们非常清楚自己要对自己的人生负责，坚守自己的价值观与原则，不随意让周围发生的事情、身边人的评价影响自己真正要去做的事情。

 我们有选择的权利和自由，从选择自己对外界环境的反应开始，到选择自己想要的生活，别忘了，我们总有选择的自由。发挥个人主观能动性，为自己的人生负责。

被动反应还是主动反应

通过下表来深入了解被动反应与主动反应的区别：

被动反应	主动反应
被动地等待，觉得自己是受害者	把握事情进展，积极解决问题
情绪或行为轻易被他人左右	掌握情绪表达的主动权
推卸责任，把问题归咎于他人	对所说和所做的事情负责
冲动地做出反应，而不去仔细思考更好的选择	知道自己可以决定如何对周围的人和事作出反应
任由自己的情绪占据主导地位，无法控制自己的情绪	能够控制自己的情绪，并根据自己的价值观、目标和原则行事
只考虑眼下，做对他们目前来说最有利的事情	从长远考虑，做对他们的未来最重要且有利的事情

被动的语言还是主动的语言

当你和他人交谈时，你可以从对方的语言中分辨出他/她的反应。经常使用被动语言的人会把自己当作外部环境的受害者，而不是积极主动、自我负责的塑造者。

被动的语言	主动的语言
我没什么可以改变的	我会找到一个更好的选择
这就是我的方式	我可以改变
我太气愤了！啊！	我很生气，是因为……
不幸的是，我必须这样做	我有选择的权利
我做不到	我正在寻找解决方案
事情进行得太不顺利了，好像全世界都在与我作对	我在寻找一种方法，推动事情向我想要的方向发展
我不行，这对我来说太难了	我真的很努力，我一定会成功的
天啊，我真傻！哎呀！	虽然出了点差错，但我可以做得更好！
A计划失败了	放轻松，字母表里还有25个字母

正确的语言很重要

在你制定你的使命宣言时，看似不起眼的语言却在其中起着关键作用。现在请思考以下问题：

在哪些情况下，我会经常使用被动的语言？

_____

_____

_____

_____

为什么被动的语言会让我听起来像一个受害者？

_____

_____

_____

_____

当我使用积极主动的语言时，有什么变化发生？

_____

_____

_____

_____

经常下意识地说一些消极被动的语言是一个严重的问题。中国有个成语叫作一语成谶，其中"谶"的意思是相信语言会实现的意愿。当我们每说一句消极被动的话时，我们认为自己无法控制自己的生活和命运的信念就得到加强。当事情的进展受阻，或与我们想象中不一致时，我们会归咎于他人、环境甚至是当天的坏运气，却唯独不去思考自己的原因，不去想自己能做些什么。

第 **8** 章　改写你的人生剧本

被动等待生活给予一切的人总是声称：

▶ 这是基因的问题，不是我的问题。我无法改变我的DNA，我对此无能为力。

▶ 这是我的童年遗留下的问题，我的父母和我的老师都应该受到责备。

▶ 这是其他人和环境的原因，经济形势不好，我的老板不了解详情，我的工作伙伴只知道推卸责任，这是他们的责任。

当然，我们的基因、我们的成长、我们所处的环境和我们遇到的人或多或少地影响和塑造了我们。过去已经过去，我们无法改变过去，只能立足当下，放眼未来。当你选择积极主动地回应发生的这一切时，你可以改写你的人生剧本。因为：

▶ 你不是你的基因的结果。

▶ 你不是你的童年和教养的结果。

▶ 你不是外部环境的结果。

你是你自己决定的结果！

没有人可以夺走你的选择权，没有人可以左右你的想法、你的感觉和你的做法。把握刺激和反应之间的空隙，利用你的选择自由：

 你不必活在别人的剧本中，创造你自己的个人使命宣言，重写你的人生剧本！

你的三种生活

在你改写你的人生剧本之前，你应该意识到你的三种生活：

▶ 你的公共生活：这种生活发生在你与他人互动的社会环境中。

▶ 你的私人生活：这种生活远离公众视线，在你与家人的相处中，在你与朋友的聚会中。

▶ 你的秘密生活：这是你最重要的生活，且只属于你自己。在这里，你可以深入了解你的思想、动机、价值观和原则，而且拥有随时随地改变生活的自由和权利。你的秘密生活的质量在某种程度上决定了你的公共生活和私人生活的质量。

在这里你将发现你的个人使命

如果你想制定一份个人使命宣言，你必须愿意探索你的秘密生活。在这里，你将收获向前的勇气与力量，发现你内心深处真正想成为的人和真正想做的事。许多人从来没有花时间探索过自己的内心，这是一个遗憾，因为这代表着他们放弃了执笔书写自己人生剧本的权利。

生活的潮汐变化

如果我们不知道自己活着的真正意义，我们往往会缺乏动力和快乐。这就是发生在作家亚瑟·戈登（Arthur Gordon）身上的事情。他在一篇短篇小说中写下了他的经历。

生活的潮汐变化

亚瑟·戈登讲述了他生命中的一段时期，他觉得一切都很单调，毫无意义。他无法将任何有意义的东西写在纸上，无法为任何事情振作起来，他的生活积极性为零。而且情况一天比一天严重。

在某个时刻，他决定向一位医生朋友寻求帮助。但在检查之后，医生并没有发现他有任何身体疾病。医生说：

"在医学上我找不到任何证据证明你生病了，你是健康的。但从你的精神状态来看，你明显生病了，我想找到原因。我在这里写了四个处方，并把每个处方放在一个信封里。我要求你严格按照这四个处方去做。但首先，我想问你一个问题，你小时候最喜欢去的地方是哪里？"

"我喜欢去海滩。"戈登回答。

"很好，那么明天第一件事就是去海滩，在上午9点打开装有第一个处方的信封，中午12点打开第二个信封，下午3点打开下一个信封，下午6点打开最后一个信封。"

"好的，那药呢？"戈登问道。

"你不需要任何药，只要按处方上说的做就行了。"

"你在开玩笑吗？"

"等你看到处方上的内容时，你就不会认为我在开玩笑了！"医生回答说，"还有，你去海滩的时候不要带除了吃的和喝的之外的任何东西，不要听收音机，不要看书，不要看杂志或其他分心的东西。不要和任何人说话，将自己放空，全身心感受大自然。别忘了在9点整打开装有第一张处方的信封。"

上午9点：治疗开始……

于是，亚瑟·戈登在第二天早上驱车前往海滩。当他打开第一张处方时，他大吃一惊。处方上只有一个字：听！

我的朋友一定是疯了！要在这里听什么？怎么可能在海滩上听三个小时呢？但他毕竟同意遵循医生朋友的指示，所以他仔细听着。他听到了大海的咆哮和鸟儿的叫声。过了一会儿，他还能听到一些一开始被他忽略的声音，比如草在风中轻轻地来回移动的沙沙声。最后，他开始倾听自己的内心。

渐渐地，他把自己从喧嚣的公共生活和单调的私人生活中分离出来。他想到了自己在童年时也经常爱来海边，大海教会了他保持耐心、尊重和意识到一切都相互关联。他越来越深入到自己的秘密生活中，感受内心深处的平静。他有多久没有这种感觉了！？戈登非常享受这种和平与安宁的状态，以至于差点儿忘了在12点钟拿出第二个信封。

上午12点：一个谜语……

这张处方上的字比上一张多了几个：把手伸到后面！戈登皱起了眉头，"要我把手伸到哪里？这句话是什么意思？或许是一次记忆之旅？也许是回到我的童年，回到我最快乐的时候？"他想到了自己的过去，想到了小时候的很多事情。当他这样做时，一股暖流从他内心深处涌起，他感受到了久违的生命之力。

他回忆起自己和哥哥跑到海滩上嬉戏玩耍的场景。他的心突然被触动了，因为他的哥哥已经去世很久了。他们的感情一直很好，年少时的他们对自由、新鲜空气和所有的乐趣都爱不释手。这是最无忧无虑的一段时光。

戈登沉浸在这些美好而珍贵的记忆中，他以为自己都已经忘了这些，没想到想起的时候这些场景依旧鲜活、历历在目，这些事情仿佛发生在昨天。

下午3点：最大的挑战……

下午3点，他看了第三张处方。在顺利使用前两张处方提到的方法之后，他对自己更有信心了。但是当他看到第三张处方时，他意识到他现在面临着巨大的挑战。从某种意义上说，前两张处方是在为它做准备，第三张处方有力地击中了他的内心世界。处方上写着一句话：

检查你的动机！

金钱、名利、自我，他想到了自己一直在追求的东西。他从没觉得追求这些有什么不对，身边人都是这样做的。但他还是选择按照处方上说的那样来做，他深入研究了自己的动机。渐渐地，他意识到，这些动机可能是造成他的处境艰难和生活停滞的原因。

"检查动机的这个过程像一道闪电击中了我！"亚瑟·戈登写道。突然间，他以无可争议的确定性知道：

如果我们的动机是错误的，那么一切都不可能是正确的！

不管你是作家、企业家、销售人员、商业顾问、部门主管……如果我们关心的只是为自己做一些有价值的事情，我们就没有真正做好我们的工作！

戈登已经意识到，他的私人生活和公共生活与他的秘密生活一样，表面上看起来光鲜亮丽，但内里早已破败不堪。在私人生活和公共生活中，他努力给人一种关心他人的感觉。但在内心深处，他并不在乎其他人。这种伪装让他觉得很痛苦，他并不想成为这样的人。是什么原因导致了这一切的发生？

在接下来的三个小时里，戈登一直在思考这个问题。他意识到，他做事的所有动机只是为了自己。戈登试图重新安排自己的生活，重新定位自己，找到新的动机，并设定新的目标。这些动机和目标符合更高的价值观和原则。

这是一项极具创造性和颠覆性的事情，因为戈登正在发挥自己的想象力和主观能动性，拨开笼罩在心头的迷雾，深入了解自己的内心世界。

 当我们按照记忆生活时，我们专注于过去。但是，当我们让自己的想象力发挥作用时，我们关注的是未来。与我们内心的东西和未来的东西相比，我们身后的东西算不了什么。

尽管如此，前两个处方还是很重要和必要的。活在当下和对快乐时光的回忆是为自我分析、内省和自我探索做准备，所有这些都有助于新的动机和目标的浮现。

到了下午6点，戈登清楚了未来自己应该用什么动机、目标、价值和原则来支配他的生活。他第一次在心里对自己说："我知道我为什么活着，而且我知道我面临着什么样的问题。我知道问题的原因，我知道我必须做什么。最重要的是我知道了我想要的生活方向。"

下午6点：最后一步……

下午6点整，他拿出了最后一张处方。戈登很快就理解了这最后的指示，上面写着：把你的担忧写在沙子上！他想了一会儿，跪下来，用贝壳在沙地上写了几个字。然后他转身走了，他没有回头看。因为他知道，潮水会来……

不可分割的生活整体

亚瑟·戈登的故事表明，你的公共生活、私人生活和秘密生活是紧密联系在一起的。圣雄甘地曾说：

 "我们不可能在生活中的一个方面做对了，而在另一个方面却做错了。生活是一个不可分割的整体。"

我们可能会认为自己某一方面的生活过得不错，但仔细想想，真的如此吗？我们难道不会时常感到愧疚或者不安吗？这种内心冲突真的没有给我们带来负担或者阻碍吗？

当我们的三种生活不协调时，当我们不知道自己生活的真正意义时，我们会在内心深处感到彷徨无措和巨大的空虚感，因此我们会缺乏做事的持久动力和对生活的热情。因此，仔细审视你的三种生活，是你制定个人使命宣言的重要一步。

你的公共生活

是什么动机、目标、价值观和原则塑造了你的公共生活？

_____

_____

_____

你认为，他人会如何看待你？无论是雄心勃勃、可靠、幽默、乐于助人还是傲慢、情绪化、冷漠，请写下你第一时间想到的你在他人心中的形象：

_____

_____

_____

你的私人生活

谁或什么是你的私人生活的中心？

_____

_____

_____

什么动机、目标、价值观和原则塑造了你的私人生活？

_____

_____

　　你的家人和最亲密的朋友如何看待你？关心家庭、有担当、温柔……？

_____

_____

_____

你的秘密生活

　　你内心深处对于生活的美好期许是什么？对你来说，有意义、成功和幸福的生活到底是什么样的？

_____

_____

_____

你的三种生活

　　你的公共生活、私人生活和秘密生活是否一致？

_____

_____

_____

请勾选最适合你的答案：

☐ 不一致 —— 有很大差异

☐ 极少 —— 有些事情是一致的，但差异大于共同点

☐ 部分吻合 —— 有一些差异，但大体上是吻合的

☐ 大部分 —— 在许多方面是一致的

☐ 是 —— 三种生活互相和谐映射，诚实地反映了我内心深处的愿望、价值观和原则

保持一致的三种生活

你的三种生活在哪些方面存在较大差异？为什么？

_____

_____

_____

你能做些什么来让你的三种生活保持一致，形成一个和谐的整体？

_____

_____

_____

开始想象！

假设你的生活是一个和谐的整体，想象你在其中做了什么、为谁做、为什么做以及取得了什么结果：

我的理想生活……

_____

_____

_____

第 **9** 章　你的最佳生活状态

你的个人使命宣言应彰显你的最佳生活状态。在这方面，我喜欢谈论最高和最好的设想。这句话来自我的一位从事房地产行业的熟人。究竟想要表达什么意思呢？这里有一个完整的故事：

最高和最好的设想

我的朋友比我们地区的大多数房地产投资者都要成功。有一天我问他：

"你观察到，你和你的同事在做事方面有什么区别？为什么你比他们更成功？"

他想了一会儿，然后说："当我购买一处房产时，我会想象它的最高和最佳用途。"

我不太明白他的意思。于是我问他，他解释说："房产的现状对我来说不是决定性的。破旧的地板、陈旧的浴室或漏水的窗户不会让我退缩。"

"那你关注什么呢？"我想知道。

"我想象着房产可以做些什么。在我的脑海中，我想象着公寓或房屋的最高和最佳用途。在这样做的过程中，我想象每一个细节，不放过我能想到的任何一个细节。然后我会考察实施的可能性，最后将我的想法付诸实践。就是这样，就这么简单！"

我笑了，因为我意识到，我的朋友在一开始就已经想到了结局！我们的想象力是决定性因素。当然，这也适用于制定你的使命宣言。

在制定和实施个人使命宣言时，想象力是最重要的资产之一。

然而，我们往往无法想象自己体内究竟蕴藏着怎样的才能和可能性。因此，我们习惯给自己设限，认为梦想远在天边，遥不可及，也就不容易制定出一份反映我们最高水平和最佳努力的使命宣言。

给自己设限比实现梦想要容易得多，也舒服得多。你会对自己说："那是不可能的！"然后将自己的梦想束之高阁，假装它从未出现过！

一个相信自己的故事

萨姆来自一个艺术家家庭。他随父母和兄弟姐妹从一个城市搬到另一个城市，从一场演出到另一场演出。因此，萨姆不得不经常转学，也因此错过了很多课程。

不过，萨姆还是一直在努力自学，希望赶上进度。学生时代即将结束时，他所在的班级的每位同学必须写一篇作文，作文的主题是描述自己的未来。萨姆很感兴趣，从记事起，他就想拥有属于自己的大牧场，养马和牛。他用好几页纸描述了他的伟大梦想。他把一切都规划好了，甚至画出了一张平面图，围场、马厩、牛棚和带游泳池和温泉的宏伟主屋，属于农场的一切尽在画中展现。当他递交作文时，眼睛里闪烁着幸福的光芒。

几天后，他拿回了自己的作文。萨姆确信他能得A，但是当他看到分数时，他惊呆了。老师直接给了他F，老师给出的理由是，对于像他这样的男孩来说，这一切都不现实！土地价格昂贵，而且他出身贫寒，他永远不会拥有自己的牧场。并且老师还给出了建议，她建议萨姆现实一点，并在毕业后找一份体面的学徒工作。

由于萨姆的成绩很好，老师向萨姆提出了一个条件：如果他能修改自己的作文，并对自己的未来提出一个切实可行的计划，她将收回那个最低分，为萨姆的期末作文重新打分。

萨姆很纠结，一个F会让他的最终成绩下降很多。他该怎么办呢？最后，他问了父亲。父亲说："这是一个非常重要的决定，所以我不想干涉。这取决于你自己，这是你的梦想！"

在提交期末作文的截止日期过后，萨姆去找他的老师。他说："谢谢您让我重写作文，但我不想放弃我的梦想，我想至少试着去实现它。即使您不认可，我还是决定保留这个梦想。"

故事结果如何？萨姆确实实现了他的梦想。他现在是一位受人尊敬的农场主，他的牧场比他当年在作文中描述的还要大，还要美。

萨姆做到了，你也可以做到。不要自缚手脚，大胆去设想，大胆去做。生命只此一次，别为没做过的事情后悔！

每一个伟大的梦想都始于梦想家。请永远记住，你拥有力量、耐心和激情，你可以直达星空，改变世界。

——哈丽雅特·塔布曼（Harriet Tubman）

梦想成真的可能性使生活变得有趣。

——保罗·科埃略（Paulo Coelho）

在学生时代，我们经常被灌输这样的观念：保持谨慎、理智和现实。这些并没有错，但这绝不是我们自我设限的原因。事实上，我们能够做到的远比我们想象的要多。因此，在回答以下两个问题时，请忘掉这些，尽情发挥想象力：

假设你做任何事情都不会失败，那么你想要如何度过一生？

_____

_____

_____

如果你不必为生计而工作，你会做什么？

_____

_____

_____

克服自我设限

自我设限就像是，你把自己反锁在了思想的牢笼中。但是，别忘了，我们可以打开门走出去。如何克服自我设限？你可以尝试以下方法。

回到童年

通常，我们会把最纯粹的梦想留在童年，因为长大后的我们慢慢不相信这一切。我的一位同事给我讲了下面这个故事：

对太空的迷恋

我记得在一次研讨会上遇到一位男士，他刚刚失去了一家航空航天公司的一个重要职位。他热爱自己的工作，并在航空航天业奋斗了大半生。当我们交谈时，他清楚地表达了自己的失望，他其实一直确信自己会得到这份工作。

我问他："您对航空航天的兴趣从何而来？"

他的嘴角向上扬起，他的眼睛开始闪闪发光，他告诉我，在他4岁时，总爱在花园里仰望天空，他总在想，人类真的能到达那里吗？遨游太空的想法深深地吸引了他，他对天文学的兴趣与日俱增。进入高中后，他开始学习理科，并明确了自己的职业方向。他以最高分通过了航空航天工程学位考试，他的事业迅速起飞。这次没有得到首席执行官的职位对他来说是一个相当大的打击，这是他始料未及的。

于是他参加了我们的活动，他希望在这里找到一些重要问题的答案：

- ▶ 我生命的意义是什么？
- ▶ 今天是我余生的第一天，我将如何利用我剩下的时间？
- ▶ 我是否应该在蒙大拿州买一个农场，把其他一切都抛在脑后？
- ▶ 也许我在晋升中被淘汰，没有得到我渴望的首席执行官职位是件好事？
- ▶ 这会给我带来哪些新的职业机会？我一直想从事的职业是什么？我小时候的梦想是什么？
- ▶ 我为什么来到这个世界？
- ▶ 我能做些什么来让他人生活得更好，让世界变得更美好？

几个月后，他的名字出现在新闻中。他被美国总统任命为美国国家航空航天局（NASA）新任局长！现在，他不再只与航天工业打交道，而是协调太空中发生的一切。我相信他会做出更多事情，帮助人们更好地认识和了解广袤的宇宙，并从中获益。

虽然他没有得到首席执行官的职位，但他并没有一蹶不振，而是选择重新思考自己的人生，认真审视自己的梦想，并积攒能量和勇气，继续为此奋斗。

征服太空、探险、改变世界，这些孩提时代令我们着迷的事物来自我们的内心深处，这些我们快要忘记的梦想，你还记得吗？你还在坚持吗？你实现你的梦想了吗？

别再压抑它们了，别再给自己设限了，别再让他人左右我们的人生了，别再为了合群折磨自己了，制定你的使命宣言是让童年梦想重现生机的最好机会。大胆让它们成为生活愿景的一部分，成为你的个人使命宣言！

童年之旅

你小时候的梦想是什么？长大后想成为什么样的人，想做什么？作家？飞行员？消防员？科学家？不要想太久，只需写下你脑海中立刻浮现的想法！

我儿时的梦想：

_____

_____

_____

你想将童年时的哪些梦想写入你的个人使命宣言？

_____

_____

_____

获得支持！

这是克服自我设限的第二种方法，你需要先找到你信任和欣赏的人。可以是你的父母，你的朋友，你的老师，你的教练，你的祖父母，重要的是，这个人要有一定的生活经验，可以评估你的潜力和可能性，而不带有任何的贬低。请告诉他们，你正在撰写个人使命宣言。并且向他们解释这一概念，然后请他们告诉你一些他们认为你应该写入使命宣言的内容。他们必须是你一直信任和欣赏的人，他们的参与对你会很有帮助。现在，请将潜在支持者的名字填入下面的圆圈中。

我的支持者：

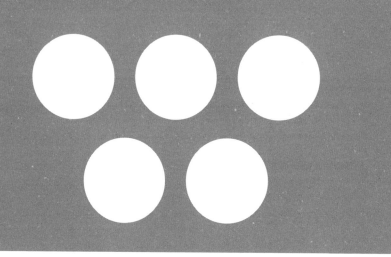

第 10 章　发挥你的想象力

　　在克服局限性和制定个人使命宣言时，我们的想象力是最重要的资产之一。这也是大脑右半球发挥作用的地方，因为我们的想象力主要基于右脑半球的功能。这意味着，如果你知道如何释放右脑的能力，就会更容易制定个人使命宣言。为什么会这样呢？大脑优势理论证明了这一点。最理想的状况是左右脑均衡发展，并能随时切换，这样遇到问题时就可以先判断需要哪个半脑出面应对，然后加以调用即可。然而，每个人或多或少都是某半边大脑比较发达，面对问题时也倾向于用较发达的一边做出应对，我们如何设计我们的人生在很大程度上取决于我们哪一半大脑更发达。

左脑	右脑
逻辑和语言工作	凭直觉和创造性工作
喜欢文字	喜欢图片
注重细节	关注全局
擅长分析	擅长综合

左脑	右脑
顺序思维	同步思维
受时间限制	独立于时间

基本上，我们生活在一个由左脑主导的世界里。在这里，一切都围绕着文字、数字、事实和逻辑，而创造力、直觉、感觉和艺术则处于从属地位。但是，如果你想对自己的人生目标有一个清晰的认识，必须要开发利用好右脑的潜能，也就是说，利用图像可视化，让想象力发挥巨大的作用！

可视化的艺术

查尔斯·加菲尔德（Charles Garfield）博士对体育和商业领域成功人士的行为表现进行了广泛的研究。其中一个重要发现是，无论是运动员还是企业高管，

 几乎所有取得最佳表现的人都是可视化大师。

他们在做某件事情之前，会尽可能地在脑海中构想出事情的全貌，甚至是最微小的细节。当内心对此场景产生熟悉感的时候，面对这样的场景就不会觉得那么陌生和害怕了。他们使用右脑，在思想上看到、感觉到并体验它。换句话说：他们将以终为始融入到自

己的生活中，以目标、原则、价值观为中心，来指导个人行动。

 你可以在大脑中以图像的形式清晰、生动地描绘出可能遇见的各种情况，提前创建一个内在的"舒适区"。这样当你真正遇到这种情况时，你会更自信、更冷静沉着。

这与使命宣言有什么关系？当你制定个人使命宣言时，可视化带来两个好处：

1. 在脑海里清晰构想你真正想成为的人和你真正想做的事。顺便说一下，你已经在之前的一个练习中做到了这一点。你将自己的80岁生日形象化，从而挖掘出内心深处你真正想要实现的人生目标！如果你愿意，可以再做一次这个练习。想象每一个细节，尽量投入自己的热情与情感。你对自己80岁的想象越准确，你对个人使命宣言的理解就越深刻。

2. 可视化可以帮助你在日常生活中践行你的使命宣言，忠实于你的价值观和原则，并实现你的人生目标。我将通过一个具体的例子向你展示可视化的价值！

你准备好了吗

为了实现你的人生目标和梦想，仅仅制定使命宣言是不够的，你还必须对下面这件事情问心无愧：

不管是私下还是公开场合，我自愿遵从使命宣言的指导，让价值观和原则指导我的行为。

如果你是真心实意的，你的使命宣言可以帮助你在生活的各个领域做出积极的改变。请看下面这个例子。

一位父亲的转变

我想向你简要介绍一下我的人生故事和我的使命宣言，我接受过人际关系和心理学方面的专业培训。因此，鉴于我的相关背景，你会认为我知道如何做一个好父亲，如何创造幸福的家庭生活。

然而，事实上，我是一个非常挑剔的人。我会不假思索地抓住别人的缺点不放。当我晚上下班回家时，我会立即注意到90分贝的嘈杂音乐或餐桌上残留的一块酱汁的污渍。我马上会注意到我的哪个孩子还没有整理房间或做作业。我可以一口气列出我孩子做的那些错事。

在思考我的使命宣言时，我寻找了一些例子，我看到了苏格兰作家罗伯特·路易斯·史蒂文森（Robert Louis Stevenson）的一句话。这位世界闻名的经典青少年读物《金银岛》（*Treasure Island*）的作者在他的使命宣言中写道：

我希望因为我的存在，我的家庭更加幸福。

这句话给我留下了深刻的印象。因为当我对每件事、每个人都挑毛病时，我不可能说我的家庭是幸福的。因此，我把罗伯特·路易斯·史蒂文森的这句话作为自己行动的指导方针。我决定不再不断地批评别人的缺点，只看那些不完美的地方。相反，我希望尽我所能确保我能让我的家人感到幸福快乐！

这是我的使命宣言：

我深思熟虑、明智地对待我的生活。我的一言一行都将遵循普遍有效的原则。我待人以善意和平等，我以活力、创造力和幽默感应对每天的挑战。

我热爱我的工作，但我也会抽出足够的时间来陪伴我的家人，强健我的身体，滋养我的灵魂。

在我的生活中，家庭是第一位的。我为我的家庭生活做出贡献，使我最爱的人感到充实和幸福。我给予我的伴侣和孩子们赞赏和爱的支持：

 我们一家人在一起的时候很快乐！

这是我的使命宣言，也是我现在的生活。在我确定我的使命宣言之后，我让家人读了一遍。我的大儿子笑着说：

 现在我明白爸爸为什么突然变得不一样了，爸爸的使命宣言带给了我们一个全新的父亲！

肯定句的强大力量

这位父亲是如何将他的个人使命宣言付诸实践，改掉坏习惯，为家庭增光添彩的呢？让我们回到可视化的艺术上来：假设你就像这位父亲一样，将家庭放在第一位。在你的个人使命宣言中，你的基本价值观之一就是成为一位慈爱的母亲或父亲。但在日常生活中，你经常会有控制不住自己的情绪，导致行为发生偏离的情况。这时你会怎么做呢？

 利用你右脑的可视化能力，构想一个肯定句，帮助你在日常生活中做出符合你内心的价值观和最重要的原则的行为。

肯定句具有5个基本特征：

▶ 它代表着个人的意向
▶ 它是积极的

▶ 它以现在时态表述

▶ 它是形象的

▶ 它具有情感色彩

例如，你可以这样想：当我认为我的孩子做出了不当行为时，我（个人）以一种充满智慧、爱心并且坚定（积极）的方式做出回应（现在时），结果让我深感欣慰（情感）。

上面描述的这个过程是可视的。你可以每天抽出几分钟，在身心完全放松的情况下，想象当孩子做出了一些让你不太愉悦的事情时的场景，虽然听起来有些奇怪。想象一切，直到最微小的细节。在脑海中想象这一切的时候，你甚至可以看到孩子脸上的表情，听到他们说话的语气。你对细节的想象越清晰生动，你对情景的体验就越强烈。

当你完全沉浸在你的想象中时，你会"看"到你的孩子在做一些会让你心跳加速和脾气失控的事情。但你不会像往常一样做出反应，而是像自己提前构想的那样，用爱、关心和控制力来处理这种情况。

这就是你如何与自己的价值观和原则和谐共处！

可视化和肯定句是撰写个人使命宣言的有力工具。如果你坚持这样做，你的行为会发生一些变化。你将抛弃父母、社会、基因或环境赋予你的剧本。取而代之的是，你将执行你的个人使命宣言，并按照你根据自我选择的价值体系编写的剧本生活，实现基于独特目标和原则的高效能生活！

谁会从你的使命宣言中受益

上文中提到的那位父亲的例子表明，个人使命宣言具有广泛的影响。它不仅为你自己，也为你周围的人带来积极的变化。无论是在你的家庭、朋友和熟人中间，还是在同事和领导中，请在下面的圆圈中立即写下有哪些人可以和应该从你的使命宣言中受益。明确优先事项，再次强调，少即是多！仅限7个在你生活中扮演重要角色的人。当然，你也可以将一些人归纳到一个词下，例如，同事、雇员或团队成员。

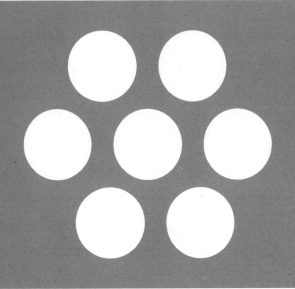

什么阻碍了你制定个人使命宣言

个人使命宣言的重要性不言而喻，不仅对自己，对身边人也是如此。然而，许多人并没有个人使命宣言。这是为什么呢？以下是阻碍我们制定个人使命宣言的最常见借口：

借口1：对不起，我稍后再做！

很多人知道使命宣言的重要性，但因为没有人要求他们立即去做，所以他们认为："哦，这是我待办事项清单上的另一个未完成项目。目前其他事情更紧迫，我得先把这些事情做完。之后我会抽出时间写我的使命宣言，这并不紧急，也不急于一时。没有最后期限，没有人逼我，没有时钟嘀嗒作响。"

补救措施

为了避免重要的事情被紧急的事情挤掉，需要重新思考。还记得《高效能人士的7个习惯》中的第三个习惯吗？要事第一，先做最重要的事情！

这一点在本书开头简要提到过。将制定你的使命宣言作为首要任务，在你的日程表中安排固定的时间来做这件事，设定完成这个任务的最后期限。认真对待与使命宣言的这场"会面"，就像对待重要的商业面谈一样。留出足够的时间，请记住，使命宣言不是随随便便就能完成的。理想情况下，你应该找个没人打扰的地方，花上几个小时来制定你的使命宣言。因此，不要再拖下去了，在下面的横线处写下你的使命宣言准备就绪的日期：

我的使命宣言将于：

_____

为了确保你遵守这个约定，按时完成制定使命宣言的任务。你可以把这件事告诉一个你百分百信任的人，并承诺会在那一天把你写好的使命宣言寄给他。还有，让这个人提前10天提醒你。这会给你额外的动力，让你按时完成你的使命宣言。

借口2：我永远做不到！

当我们制定个人使命宣言时，其实我们是在告诉自己："这是我的最高价值观和原则，这就是我想成为的样子，这就是我未来的生活！"与此形成鲜明对比的是我们的实际行动，换句话说，我们的理想与现实之间往往存在相当大的差距。这种差距使许多人感到不安，这就是为什么许多人对制定个人使命宣言望而却步。他们认为这只会导致愿望与现实之间的差距变得更加明显，他们无法接受这一点，所以自我麻痹，认为使命宣言这种东西，制定了也没有用。

补救措施

当然，实际情况与自己真正想要的生活并不相符不是一件令人愉快的事情。但只要认识到了这一点，并决定努力去做，就有改变的可能。

借口3：我们公司有使命宣言，但那只是空谈！

在许多企业的使命宣言中，你都可以看到诸如尊重、赞赏、信任、可持续发展和客户导向等词汇。几乎所有企业都宣扬以人为本，当然，这本身并没有错。但是这存在一个问题，你很难通过使命宣言判断出这是哪一家公司，甚至连员工都无法从企业的使命宣言中找到自己工作的目标和准则。企业使命宣言更像是大而空的口号，堆满了华而不实的词藻，自然无法激励并指导企业中的每一个人。只有当企业中的每一个个体，无论职位高低，都积极主动地参与到企业使命宣言的制定过程中时，得到大家认同的企业使命宣言才会发挥其应有的作用。

补救措施

指导你生活和工作的个人使命宣言不是别人强加给你的。从最初的模糊想法到最终确定的版本，都必须由你自己制定。只有你自己才能决定在你的使命宣言中写些什么。你将按照何种价值观和原则来生活完全取决于你。企业也是如此，只有当我们认同企业的使命宣言时，我们才会将其付诸实践，为自己、公司和社会创建巨大效益。

什么阻碍了你实践个人使命宣言

一些人虽然花时间制定了个人使命宣言，但未能付诸实施。问题出在哪里？什么导致使命宣言被束之高阁，无人问津？

1. 空洞的个人使命宣言

与上文"借口3"中描述的一样，一些人只是从形式上制定了个人使命宣言，但他们并没有做好深入实践个人使命宣言的准备。他们不认同这些话，尽管这些原则本身没有任何问题。但这些词汇在他们看来是空洞的，没有被赋予特殊的含义，自然也不会对他们的生活产生多大影响。

个人使命宣言不是拿来就用的台历标语和名言警句，你需要对你写下的宣言负责。

诚然，制定个人使命宣言是一项艰巨的工作。在这个过程中，你需要彻底地反思自己，挖掘自己内心深处的渴望，正视自己的缺点，并努力还原一个具体和真实的你。

 你的个人使命宣言将伴随你的一生，为你实现目标和梦想指明方向！

2. 像目标清单一样的个人使命宣言

我曾与一些制定了使命宣言的人交谈，他们说："嗯，很遗憾，一切还是老样子，它并没有带来什么改变。"然后，当他们给我看他们的使命宣言时，我发现通常都是一长串任意列出的目标，大多是关于他们想拥有的东西或想去的地方。

▶ 我想开保时捷
▶ 我想要一匹马
▶ 我想在海边买一栋房子
▶ 我想环游世界
▶ 我的银行账户要有几百万

这样的清单不会让人自由。恰恰相反，它限制了我们，阻碍了我们发挥真正的潜能。

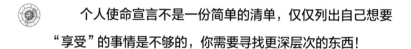 **个人使命宣言不是一份简单的清单，仅仅列出自己想要"享受"的事情是不够的，你需要寻找更深层次的东西！**

一辆跑车、一匹马、一栋度假屋、一次环球旅行或一个充盈的银行账户，这些都是不错的目标。但你的人生使命感和生活幸福感真的取决于这些吗？但愿不是！静下心来，问问自己真正想要什么？什么对你而言是重要的？挖掘幸福的深层含义，这就是制定个人使命宣言的意义所在。

3. 以自我为中心的个人使命宣言

使命宣言不起作用的第三个原因与第二个原因密切相关，使命宣言中充斥着纯粹的利己主义，以自我为中心、彻头彻尾的自恋欲望喷薄而出。

大量研究证明，我们的大脑将慷慨、无私的行为与幸福联系在一起。也就是说：

在纯粹利己主义的土壤之中，无法孕育幸福的花朵。真正的幸福来自我们的付出和贡献。

希腊哲学家亚里士多德曾说过，生命的本质是服务他人，行善积德。似乎越来越多的人意识到，为他人付出是让我们感到幸福的关键。一个人付出的越多，他就越快乐。我的孙女香农就是一个很好的例子，她的生命中有比自己更大、更重要的东西。

转折点

　　香农与罗马尼亚的孤儿结下了不解之缘。当她抱着一个生病的孩子，看着他信任地依偎在她的怀里时，香农突然明白："我不想再过自私的生活了，我想用我的一生去帮助他人，为他们做出贡献。"这一承诺为她的人生带来了决定性的转折。

　　我们特别尊敬那些乐于奉献的人。他们不为金钱和名利，甚至他们中的许多人并不知名，或许此时此刻，他们正在地球的某个地方，默默地帮助他人。在需要我们付出，甚至需要放弃自己的一些东西去帮助他人的时刻，那些只看重自己的成功和利益的人会问："我又能从中得到什么呢？做这件事是否对我有利？"而那些寻找到人生真正使命的人则会问："我能奉献什么？我还可以做一些什么？"

你不必非要通过改变世界来证明自己的人生有意义。教育家马伦·穆里岑（Maren Mouritsen）说得很好："这些人从来没有做过大事，但这并不代表他们不成功。"

　　带你走向有意义的生活的，不是那些伟大的事物，而恰恰是那些微小的事物。无论是对家人的关爱，还是为社区提供志愿服务，留心观察你身边默默付出的人。这些人正在给世界带来积极的改变。即使他们中的一些人已不在我们身边，但他们的精神依然存在！

现在，你已经知道什么对你很重要。而且，你已经对自己的使命宣言进行了深入思考。

现在进入下一步，将使命宣言落在纸上，化为行动。让我们开始吧！

第 11 章　怎样才能写好个人使命宣言

在开始撰写个人使命宣言之前，我们先来看看一份好的使命宣言应具备的4个特征：

好的使命宣言是永恒的

这意味着，在制定使命宣言时，要把眼光放得长远。当然，这并不意味着你不能修改你的使命宣言。恰恰相反！你应该围绕你的原则定期修改你的目标，这样才能确保使命宣言的有效性。目标取决于具体情况，而原则是永恒的、普遍的。原则随时随地有效，适用于你的整个人生。因此，你的使命宣言就像你的原则一样，应该是永恒的！

好的使命宣言要说明目标和手段

这意味着，你的使命宣言不仅要包含你想要实现的最重要的人生目标，还应该描述你实现人生目标所使用的手段。这意味着你的使命宣言要明确提到哪些价值观和原则将帮助你实现目标。这究竟是如何做到的呢？稍后我将通过一些具体的例子向你展示。

好的使命宣言涵盖7种人生角色

在前文中，我们一起讨论过人生角色的选择和设定，你已经确定了7种最重要的人生角色。

在你的使命宣言中，应该包含这7种角色。当然，你不必在使命宣言中逐一列出每个角色。但你应该确保使命宣言的内容符合你的每个人生角色。如果不是这样，你就应该重新考虑你的人生角色。例如，如果你高度重视环境保护，但与此同时，你作为一家大型国际棕榈油生产商的董事会成员，却积极助长砍伐热带雨林的行为，这是不协调的。

好的使命宣言要有意义和效果

你的个人使命宣言描述了你人生的意义以及对他人产生的积极影响。用海伦·凯勒的话来说：

 什么是真正的幸福？不是简单的自我满足，而是忠诚地服务于人生目标的实现。

去生活，去热爱，去学习，去做有意义的事情！

这句话听起来不错，让人斗志满满。但它远不止是一句好话，因为它描述了构成我们生存的一切。从根本上说，它是一个简单、明确、易于适用的人生指导原则。

生活

生活就是生下来，活下去。这里既有我们的生存需求，也有我们的精神需求。愿意好好活着，并享受生活，为我们真正关心的人和事奉献自己的力量。

热爱

在这里，一切都围绕着我们的心。从心出发，热爱我们身边的人，热爱我们生活的这片土地。生命的联系是普遍的，没有人是一座孤岛，人对其他生命的关怀根本上就是对自己的关怀，以感恩之心对待彼此。

学习

这是我们思想的中心。不停下学习的脚步意味着我们在年老时仍保持对知识的好奇和渴望。我们的思想不会停滞不前，而是继续发展。此外，我们乐意向他人请教，向不同的人学习。

做有意义的事情

这关乎我们的灵魂。对你而言什么是有意义的事情？不是世俗大众认为的那种有意义，而是你认为的有意义。做有意义的事情意味着我们要满足内心的需求，踏踏实实、无怨无悔地去做，赋予我们的存在更深刻的意义。用哲学家阿尔伯特·史怀哲（Albert

Schweitzer）的话来说：

 　　我不知道你的命运会如何，但有一点我可以肯定：到最后，只有那些听从内心神秘声音指引并找到了比自己的生命更大、更重要的东西的人才会收获真正的幸福。

　　生活、热爱、学习和做有意义的事情，这代表了每个人都应该拥有的四种基本需求。因此，在制定个人使命宣言时，应确保宣言涵盖这四种需求。如果做到了这一点，你的使命宣言就会充分发挥作用：

生活	身体	实体维度
热爱	心灵	情感维度
学习	思想	心理维度
做有意义的事情	灵魂	精神维度

四种需求间的互相平衡

　　上文提到的四种需求，如果你忽视了其中的一个需求，那其他的需求也会受到影响。这就好比汽车，当轮胎里的空气太少时，会出现运转不畅的情况。当汽车少了一个轮子时，一切都无法正常运转了。

如前文所说，人生在世，扮演着各式各样的角色——为人父母、妻子、丈夫、主管、职员、亲友，同时也担负不同的责任。因此，在追求圆满人生的过程中，如何兼顾全局，就成了最大的考验。顾此失彼，在所难免；因小失大，更是司空见惯。

当人们努力提高自己的工作效率，想要谋得更好的发展时，总会遇到一个根本性的问题：他们失去了高效生活必需的区分轻重缓急的能力，失去了平衡感，而这种平衡感是有意义的、幸福的生活所不可缺少的。例如，他们把一切都奉献给工作，忽视了自己的健康和家庭关系。伴侣关系破裂，孩子得到的太少，朋友逐渐疏远……如果你按照生活中扮演的不同角色以及目标重新划分使命宣言，相信寻求生活的平衡感对你不再是一个问题，因为你已经提前考虑到了这个问题，并做好了相应的决心和准备。

如何做到这一点？仔细回顾一下过去的三周。在下面的横线处写下你平均每周用于满足四种需求的时间比例，同时也要写下今后你想在这四种不同的需求上投入多少时间。还有一个重要提示：这并不是说要为每种需求预留25%的时间。对于大多数人来说，"生活"占据了他们大部分的时间，这很正常。重要的是，基于自己的原则做出有意识的主动选择，对自己的选择胸有成竹，无论结果怎样，都能专注于此，并且心安理得，内心没有羁绊。

生活

应该：占到我生命的_____%

实际：占到我生命的_____%

热爱

应该：占到我生命的_____%

实际：占到我生命的_____%

学习

应该：占到我生命的_____%

实际：占到我生命的_____%

做有意义的事情

应该：占到我生命的_____%

实际：占到我生命的_____%

 当我们清楚地知道什么对我们很重要，当我们拥有坚实而稳定的内在核心时，我们会更从容、更快乐地生活。

使命宣言核对表

在撰写个人使命宣言时，应始终检查它是否包含了所有重要方面。以下清单将帮助你做到这一点：

▶ 我的使命宣言是永恒的吗？其中的重要原则是否不会改变？

▶ 我的使命宣言是否描述了我的人生愿景，而不是一些肤浅的、以自我为中心的目标？

▶ 我的使命宣言是否反映了我的人生愿景所依据的价值观和原则？

▶ 我的使命宣言是否与我最重要的人生角色有关？

▶ 我的使命宣言是否清楚地表达了我生命中最重要的东西？

▶ 我的使命宣言是否展现了我最好的一面？

▶ 我的使命宣言是否阐释了我人生的更高目标？

我的使命宣言是否考虑到了四种基本需求？

▶ 生活——身体

▶ 热爱——心灵

▶ 学习——思想

▶ 做有意义的事情——灵魂

第12章　你的使命宣言应该是什么样的

现在你知道一份好的使命宣言应该涵盖哪些方面了。但是，你的个人使命宣言应该是什么样的？包含哪些内容呢？好消息是，个人使命宣言没有限制因素，也没有专利配方。

 　　每个人都是独一无二的，这也反映在我们的个人使命宣言中。没有两份使命宣言是相同的，每份使命宣言的内容和呈现形式都完全不同。

取悦你自己

当你制定个人使命宣言时，你要明确一点，这不是一篇给你打分的文章，你不需要让别人满意，无论是你的伴侣、父母、子女、同事还是上级。使命宣言必须首先取悦一个人，这个人就是你自己。你的使命宣言是非常个人化的东西，你必须在其中找到自己，并对使命宣言中描述的自己感到满意。这才是最重要的！

将个人使命宣言写下来

如何设计你的使命宣言取决于你自己，但是你需要遵守一个规则：

 制定个人使命宣言的唯一规则是：确保将个人使命宣言写成文字！

只存在于脑海中的使命宣言只是一个模糊的想法。它没有得到充分的发展，也不会促使你付诸行动。如果你没有一份书面的使命宣言，奔波忙碌的你可能很快就会淡忘对生活的美好愿望。

 请确保将自己的个人使命宣言写下来，留存正式的文本！

我们在小时候都听过这样的一句谚语："好记性不如烂笔头。"在撰写个人使命宣言时，你应该牢记这句话。手写使命宣言有很多好处，以下是最重要的6点：

1. 更专注
2. 更有创造力
3. 效率更高
4. 结构更清晰

5. 影响更深远

6. 实践的可能性更大

小贴士

首先手写使命宣言是很重要的。不过，如果你更喜欢在电脑端或移动端书写，也可以。在写完之后，你可以打印出来。我个人认为，纸质版的宣言看起来更正式一些。不管用哪种方式书写，确保你把文件存放在一个安全的、自己不会忘记的地方。这样，你可以定期回顾自己的使命宣言，并进行必要的修改或补充。

如果你是一个不擅长写作的人，怎么办

别担心！关于个人使命宣言的写作不是写一篇800字的作文，它不需要绝对完美，但需要绝对真实。你需要坦诚地面对自己，表达你生命中真正重要的东西。不要给自己太大的压力，就像和自己对话一样，把脑海中、内心中深藏的那些想法全部写出来。我相信你会明白的：只要你写下了第一句话，你就会越来越喜欢你的个人使命宣言。

尽情发挥想象力！

当你在纸上手写个人使命宣言时，请尽情发挥你的想象力。以下是一些建议和想法：

▶ 你喜欢诗歌吗？喜欢押韵吗？那么用诗歌的形式来写你的使命宣言如何？

▶ 你喜欢音乐吗？你有最喜欢的歌曲吗？或者有你特别喜欢的旋律吗？那就把你的使命宣言写成一首歌。

▶ 你喜欢短小精悍的文本吗？你的个人使命宣言不必是一篇长长的文章，只要用几个恰当的关键词来概括你的使命宣言就足够了，几个关键词就能直指使命宣言的核心。

▶ 你喜欢画画吗？那就再好不过了！因为这样你就可以用自己的画来诠释你的使命宣言。

▶ 你喜欢拼贴画吗？那就把你的使命宣言的核心原则和与之相配的图片拼贴起来吧。

使命宣言范例

无论是篇幅、形式还是内容，如前所述，每一份使命宣言都是独一无二的，就像撰写它的人一样。从企业高管到兽医，从父母到青少年，为了让你具体了解个人使命宣言可以是什么样子，这里有一些范例供你参考。

以下示例旨在为你的使命宣言提供动力和引导。但是，一字不差地照搬范例中的个别段落并无益处。你不应该在这里自欺欺人。事实是：只有当你的个人使命宣言从第一句到最后一句都出自你自己时，它才会对你真正有用！

一位企业领导者的使命宣言

在撰写使命宣言时，以你的人生角色为指导可能会很有帮助。下面是一个领导者的例子。他利用角色和目标的概念制定了以下使命宣言。

约翰的使命宣言

我的使命是让自己和身边重要的人过上美好的生活。

为了实现我的愿景一

我甘之如饴：我把时间、才智和技能奉献给我的使命。

我摒弃成见：我坦诚地与人交往，并对他们表示赞赏。

我鼓励他人：我向他人传达，每个人都有力量，要相信自己。

这些角色具有优先权一

伴侣关系：我的妻子是我生命中最重要的人。我们一起实现我们的梦想，建立幸福的关系和美满的家庭。和谐、相互支持、经济独立和对彼此的承诺对我们来说都很重要。

父亲：我是孩子们的榜样。我无条件地爱他们，帮助他们成为自信、快乐的人。

儿子和兄弟：当我的家人需要我时，我会在他们身边。

朋友：我是一个靠谱的好朋友。

领导者：我鼓励员工，是他们个人和职业发展的推动力。我们一起实现一流的业绩，推动公司向前发展。

学习者：我每天都在学习重要的新知识。

一位父亲的使命宣言

如果你不喜欢写长篇文章，也可以用重要的关键句来撰写你的使命宣言。下面的使命宣言是一位年轻父亲写的，他自己的童年并不容易。因此，他最大的愿望就是让自己的孩子过上更好的生活。他正在发展自己的职业，为成功的事业和幸福的家庭生活奠定基础。

我的个人使命宣言

首先在个人生活和家庭中取得成功。

绝不将事业置于家庭之上。

确保我的孩子无忧无虑、快乐成长。

绝不在诚实上妥协。

真诚而坚定。

牢记身边人的需求。

在做出判断之前倾听各方意见。

向他人寻求建议。

与他人共同成功。

每年至少发展一项新的重要技能。

计划明天的任务和目标。

保持积极的态度和幽默感。

不怕犯错，只怕不能对错误做出创造性、建设性和正确的反应。

将我所有的技能和精力都集中在手头的工作上，而不是时刻担心职业生涯的下一步。我工作出色，一定会取得成功。

在我生命的最后时刻，为我为家人所建立和取得的成就感到高兴！

一位女士的使命宣言

以下使命宣言由一位热爱写作的女士撰写。如果你也喜欢写作，你的使命宣言当然可以写得长一点。这样，你就有了一个理想的起点，可以把你的使命宣言变成"人生的指导原则"。不过，这一点我们稍后再谈。以下是使命宣言范例。

我的人生目标

我致力于让世界变得更友好、更和平。为了实现这一目标，我关注自己的影响范围，并从自身做起。我面带微笑，坦诚相待，尊重他人，不带偏见。

我的价值观和原则

-尊重和宽容

-可靠

-坚韧不拔

-善良

-家庭幸福

-自我关怀

-对他人的承诺

我最重要的人

对我来说，丈夫和女儿是第一位的。

我的丈夫是我一生的挚爱、我最好的朋友、最亲密的知己、最重要的盟友。爱、忠诚、信任和感激是我们关系的基础。我们相互支持，在任何情况下都会给予对方公开、诚实的反馈。

尽管与青春期少女一起生活并不总是那么容易，但我向女儿表明，我爱她，没有"如果"和"但是"。我希望她在成长过程中充满自信，勇敢地实现自己的梦想，并在生活中获得无穷乐趣。

我的丈夫和女儿都知道我始终坚定地站在他们身边。当出现矛盾时，我们不会肆意向对方宣泄糟糕的情绪，我们相互沟通，直到找到适合我们每个人的解决方案。

我的职业

我在养老院工作，在这里，每一天的工作都很有意义。老人们经常向我们表达感激之情，看着他们的脸上多了笑容，我也感到快乐，并促使我竭尽全力。我喜欢在一个相互欣赏和尊重的团队中工作。我的上司和同事可以依靠我，我也可以依靠他们！我们一起致力于让老人过上美好、有尊严的晚年生活。为了能更有效地安抚老年人在接受护理时的抵触情绪，并为此做些有针对性的工作，我和我的同事们都加入了护老者协会。

我必须关注的事项

我知道，只有照顾好自己，才能照顾好他人。因此，我会避免让自己陷入繁忙琐碎的日常工作生活中，有意识地抽出时间来陪伴自己和家人。我关注自己的健康，有意识地节制饮食，养成良好的作息习惯，不为了取悦他人而忽视自己的需求。

我的人生格言：我希望自己能有所作为！

一位单身母亲的使命宣言

这份使命宣言由一位单身母亲书写。她的人生任务，她的伟大目标，就是在家庭生活和个人工作之间取得平衡。

我生活的指导原则

平衡

我在工作和家庭之间保持良好的平衡，因为这两者对我来说都很重要。

家

我的家是我和孩子们感到安全和快乐的地方。当朋友到访时，这里也能让他们感觉舒适。我会负责任地决定我们在家吃什么、读什么、看什么和做什么。

孩子们

我生命中最重要的人就是我的孩子。我希望他们成为坚强、自信的人，坚持自己的价值观和信仰。我教我的女儿和儿子去爱、去学习、去欢笑。我用爱心和耐心陪伴两个孩子长大成人。我鼓励他们追逐自己的梦想，发挥自己独特的天赋和个人能力。

主动性

我是一个主动去实现人生目标的人。我不会一味地任外界环境左右我的行为，而是积极主动地处理事情。我养成了积极的习惯，充分抓住可能的机会，提高自己的能力和决策水平。

金钱是我的仆人，不是我的主人

我努力实现经济独立。除了住房和汽车的长期贷款，我不借贷。我的支出低于我的收入。我将收入的一部分存起来，并用心投资。我还用自己的金钱和才能支持他人，让他们的生活更轻松、更美好。

一位兽医的使命宣言

以下是一位兽医的使命宣言。在这里，她简明扼要地总结了自己生命中最重要的事情。

这是我生命中最重要的事情！

最重要的是，我始终坚持自己的价值观。

我爱我的家人。他们给我力量，支持我。

我为家人和朋友留出时间。我决不会忽视他们，但我也会留出足够的时间与自己相处。

我以乐观的态度面对生活中的挑战，并逐一寻找解决方案。

我保持对自己的正面评价并对自己充满信心，我很爱我自己。

我在这个世界上就是要成为一个善良、真诚的人。我的职业是兽医，我帮助动物和它们的主人。

我志愿从事动物福利工作，保护动物远离痛苦。我也致力于帮助其他人认识到，动物不是商品，而是有生命的生物。我尤其关注打击非法贩卖小狗的行为，我将尽我所能减少这种行为的发生。

一位家族继承人的使命宣言

个人使命宣言非常有用，尤其对于工作繁忙的人来说。它能帮助他们关注真正重要的事情，而不是把职业的成功凌驾于其他一切之上。

我的个人使命宣言

　　我的人生目标是延续家族企业，并确保员工的工作。我不认为这份遗产是一种负担，而是一种机遇和礼物。对我的员工来说，我是可靠的老板，是风雨中的磐石。我知道，我无法独自完成所有的事情。因此，我不仅把任务交给别人，也把责任交给别人。这让我有机会思考公司的进一步发展，也让我有时间陪伴自己和家人。

　　家庭是我力量的源泉。当然，我也希望我的孩子能继承我的事业，但我会让他们自己选择。我希望分享我作为企业家的成功，并回馈社会。因此，稳步扩大家族基金会是我的心愿。80岁的时候，当我回忆起自己做过的那些事情时，我希望我能感到自豪，并为自己作为一个人和一个企业家为家庭、员工和社会做了很多有益的事情而感到高兴。

一位16岁女孩的使命宣言

　　当然，使命宣言不仅对成年人重要。对青少年来说，个人使命宣言更像是宝贵的指南，指引青少年度过青春期的迷茫和彷徨，并为之后的人生确定方向。以下是一位16岁女孩为自己书写的使命宣言。

以下是我的使命宣言

对我来说重要的是：

▶ 生活

▶ 世界和环境

▶ 其他人

▶ 我的价值观和原则

▶ 我的愿望、目标和需求

热爱

▶ 生活

▶ 我自己

▶ 我的家庭

▶ 我的工作

学习

▶ 继续发展自己

▶ 离开学校后继续学习新知识

▶ 不断获取知识和经验

奋斗

▶ 为我的价值观和信仰而战

▶ 为我最爱的人

> ▶ 为生活积极的改变
>
> ▶ 做好事
>
> ▶ 坚持自我
>
> ▶ 反对不宽容和冷漠
>
> **成为强者**
>
> ▶ 为自己和他人
>
> ▶ 掌握人生的主导权
>
> ▶ 坚持不懈地追求目标
>
> ▶ 实现梦想
>
> ▶ 幽默地面对挫折
>
> 在这个世界上留下属于自己的专属印记!

一位17岁男孩的使命宣言

下面的例子说明,使命宣言可以非常简短、非常精练,但也可以非常有效。一位17岁的男孩将自己的使命宣言公开在自己的社交媒体平台。

享受生活的乐趣

尊重自己和他人

保持个性，坚持自我

在任何情况下都表现出幽默感

展现决心

不轻言放弃理想

做梦想的工作，成为一名社交媒体专家

第13章 制定个人使命宣言的7个步骤

你是否仔细阅读了上面的使命宣言范例？你是否为自己的使命宣言找到了灵感？那太好了。现在轮到你了！从收集想法到获取反馈，再到最后的调整，在接下来的内容中，你将看到创建个人使命宣言的分步指南。

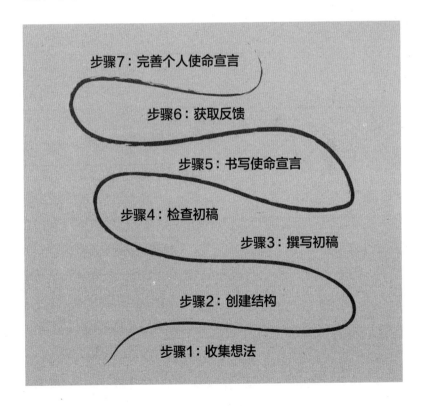

步骤7：完善个人使命宣言

步骤6：获取反馈

步骤5：书写使命宣言

步骤4：检查初稿

步骤3：撰写初稿

步骤2：创建结构

步骤1：收集想法

第一步：收集想法

好消息是什么？如果你已经通读了这本书到目前为止的所有内容并完成了练习，那么你已经在收集想法了。现在，请概述你的个人使命宣言中包括的内容及你希望用的表现方式。

_____

_____

_____

_____

_____

_____

_____

你的使命宣言还应包括哪些内容？

你是否已经为自己的使命宣言收集了很多好点子？那就再翻翻这本书。确定中心思想无误之后，把它们写进你的使命宣言里。你可以把这些好点子写在这里：

_____

_____

_____

_____

_____

_____

_____

第二步：创建结构

你可以自行决定使命宣言的结构。许多人认为，使用小标题或根据自己的人生角色进行定位非常有帮助。或许，你喜欢使用草图或思维导图吗？请参考上一章中展示的几个使命宣言范例，然后为你的使命宣言确定基本框架。

第三步：撰写初稿

你是否已经为你的使命宣言收集了许多好的想法，并找到了合适的结构？那么现在到了写初稿的时候了。你是否在想："这可不容易，我不知道如何开始？"但这并不是过早放弃的理由。大多数人都和你有同样的感受，当我们试图将个人使命宣言写在纸上时，总会觉得太过艰难。为什么会这样呢？

结束自我怀疑！

个人使命宣言对今后的人生如此重要，以至于许多人在撰写个人使命宣言时给自己施加了巨大的压力。他们想写出完美的使命宣言；他们苦思冥想很久；他们纠结于每一个字，在动笔之前，耗尽了全部的热情和动力。忘掉自我怀疑，把你的完美主义抛到九霄云外，坚持屡试不爽的老座右铭：

 不完美的行动胜过完美的想法！

往好的方面看，一份不完美的初稿是逐步完善使命宣言的理想起点。因为——

使命宣言不是一朝一夕就能写好的。恰恰相反，一份连贯的、忠于自己的个人使命宣言需要经过多次调整和完善。

你可能需要一段时间才能写出让自己真正满意的使命宣言，但一切都是值得的。总有一天，当你看着这份使命宣言的时候，你会由衷地感叹：

 这是我的使命宣言，它清楚地表达了我一生的理想、追求和成就！

30分钟内完成初稿

用以下方法在30分钟内写出你的使命宣言初稿：

1. 完成以下句子："我生命的意义在于……"在10分钟内把你能想到的都写出来。不要修改任何内容，也不要删除任何内容。如果遇到困难，不要放下笔，继续写。

2. 然后用20分钟的时间回顾一下你所写的内容，把它整理好。如有必要，重新构思。

半小时后，你就会得到一份使命宣言的初稿！

所以，拿起笔，马上试一试！

我的使命宣言草案

我生命的意义在于

_____

_____

_____

_____

_____

_____

_____

第四步：检查初稿

你是否已将使命宣言初稿写在纸上？好极了！那现在来检查一下你的使命宣言吧。对照第11章最后提到的使命宣言核对表的要点，再次检查你的个人使命宣言。写下你想修改、删除或添加的内容：

第五步：书写使命宣言

我的使命宣言的基本框架

第六步：获取反馈

　　向两到三个你完全信任的人叙述你的个人使命宣言，无论是你最好的朋友、同事、导师还是你的伴侣和孩子。开诚布公地向他们征求反馈意见，最好通过面对面交谈的方式进行，并书面记录反馈意见。在下面的横线处写下你收集到的要点：

_____

_____

_____

_____

_____

_____

_____

你怎么看?

你如何看待他人给予你的使命宣言的反馈?你是否接受一些提示或建议?请立即写下相关要点。

这是我想在我的使命宣言中修改的内容:

_____

_____

_____

_____

_____

利用反馈意见完善你的使命宣言,最后一步,在接下来的一页纸上再次写下整个内容,记得要将所有的改动纳入其中。值得再写一遍,因为这样你不仅可以完善你的使命宣言,还可以更好地将其内化。

第七步：完善个人使命宣言

_____ 的个人使命宣言

第14章 践行个人使命宣言

你已经确定了自己的人生使命宣言吗？恭喜你！现在，从当前状态到理想状态的激动人心的旅程开始了。为了在日常生活中落实你的使命宣言，实现你的目标和梦想，你应该坦诚地面对当前生活状态与理想生活状态的差距，写下差距最大的地方，还要写下缩小愿望与现实之间差距的具体想法。别忘了，定期检查自己的进展情况。

进展清单

愿望	现实	解决方案构想

让你的使命宣言清晰可见

眼见为实，这句老话说得没错。如何才能在日常生活中不忘记自己的使命宣言呢？很简单，让你的使命宣言显而易见！以下给出了一些建议。

将你的使命宣言装裱起来

把你的使命宣言打印出来，最好是彩色的，有一些特殊的设计。把打印好的使命宣言装裱起来，挂在墙上。选择一面你能经常看到的墙。办公室、书房或餐厅的墙壁如何？

让你的使命宣言显示在屏幕上

如果你经常使用个人电脑或笔记本电脑工作，你可以将使命宣言的图片设置为桌面背景。这样，你每天都能看到它好几次。当然，你也可以采用同样的办法设置你的手机或平板电脑的屏幕背景。

随身携带你的使命宣言

把你的使命宣言写在随身携带的日记本第一页。无论你是在乘坐地铁的过程中，还是在等待电梯的间隙或是午休时间，你都可以快速浏览一下你的使命宣言，提醒自己应该去完成的事情。

随处可见你的使命宣言

书签、贴在电脑旁的便利贴、冰箱贴……确保你每天能多次看到你的使命宣言。在看到的时候，稍作停顿，问问自己："今天我能做些什么来落实我的使命宣言？我已经根据我的使命宣言做了什么？"

让你的个人使命宣言发挥更大作用

在第10章，你已经了解了利用可视化构想肯定句的强大力量。因此，请利用这一力量来推动使命宣言的实施。你可以从以下肯定句中选择一句，也可以在下面的方框里给出你的肯定句，确认自己的正确行为。每天重复几次，并观察它的效果。这个肯定句对你践行个人使命宣言的激励有多大？

▶ 我是我人生的设计师。有了我的使命宣言，我就可以尽情书写我的人生剧本。

▶ 我把我的使命宣言当作我人生的指南针。我的使命宣言为我指明方向，带我抵达目的地。

▶ 我与我的使命宣言和谐共处。我追随自己的心声，坚定地成为自己，而不是别人想把我塑造成的样子。

▶ 我忠于自己的命运。我将自己的时间、才智和技能投入到有助于实现人生更高目标和真正意义的活动中。

▶ 当我做出重要决定时，我会参考我的使命宣言，因为我的使命宣言帮助我做正确的事。

▶ 我经常问自己："我是否按照我自己的意愿在生活？我的生活方向是否正确？"

我的个人肯定句

找到你的人生格言

许多取得非凡成就的人不仅拥有自己的人生使命宣言，也拥有自己的人生格言。人生格言更精练、更简短，可以帮助你记住自己最重要的价值观、原则和目标。

想想你的座右铭是什么？在下面的方框中写下你的座右铭。暂时没有想法的话，你可以看看下一页的例子。但不要照搬这些例子，请不要使用名人名言作为你的座右铭。一定要找到自己的人生格言。人生格言要清楚地显示出你的真实身份、你想做的独特贡献以及你的人生目标。

我的人生格言

这些人的人生格言给世界留下印记

> 我要坚持真理。
>
> 我不会向不公正低头。
>
> 我不会被恐惧击倒。
>
> 我不会使用暴力。
>
> 我要先看到每个人的优点。
>
> 圣雄甘地（Mahatma Gandhi）

> 我存在于此的目的除了生存，还有活跃于这世上，并且要带着一些激情、一些共情、一些幽默和一些风格。
>
> 玛雅·安杰洛（Maya Angelou）

> 我不想像大多数人一样虚度年华。我想成为有用的人，或给人们带来欢乐，即使是那些我从未见过的人。
>
> 安妮·弗兰克（Anne Frank）

> 我想为人民服务。我希望每个女孩、每个孩子都能接受教育。
>
> 马拉拉·优素福扎伊（Malala Yousafzai）

坚持到底

还记得我在这本书开头说过的话吗？人生和飞机飞行很像，至少有90%的时间我们无法完全处于预定航线上，但这并不是坏事。就像飞行员熟练的技术、驾驶舱内的精密仪表、塔台和空中交通管制员确保飞机按计划安全抵达正确的目的地一样，你也需要使命宣言为你保驾护航。个人使命宣言像指南针一样为你提供了指引、支持和希望，帮助你一次又一次地回到你的前进方向上。

为此，你应该牢记以下两点：

始终进行航向修正

飞行员一旦偏离航线，就会收到警告。你也可以及早发现自己是否处在正确的航线上。这比你想象的要容易得多：定期检查你是否在日常生活中真正落实了你的个人使命宣言，你可以将其列为每周计划的一项。这样，你就不会忽略掉这件事，保证生活稳步发展。

定期更新你的使命宣言

你的使命宣言将伴随你一生。但随着时间的推移，你的情况会发生变化，你的优先事项会改变，你的目标和梦想也会改变，这是好事。因为没有变化，个人成长和发展就无从谈起。一旦你发现自己的使命宣言不再百分之百适合你当前的生活状况，你就应该立即修改它。别忘了，目标取决于具体情况，而原则是永恒的、普遍的。原则随时随地有效，适用于你的整个人生。这样，你就能很好地面对生活中的变化，朝着正确的方向发展，成为你真正想成为和能够成为的人。

带着勇气，踏上征途！

我相信，每个人都会在内心深处问自己生命的意义。从古至今，无数贤人学者探索生命的意义，在世界上留下印记的一些人也给出了精彩的回答。不甘平庸的我们深知，自己是独一无二的，有一件事情只有我们能去做，因此我们不断挖掘着自己的闪光点和潜能。

相信看到这里的你已经确定了自己的使命宣言，那就把使命宣言当作指南针，勇敢出发，赋予你生命真正的价值和更深刻的意义。最后，用马克·吐温的一句话与大家告别吧：

二十年后，你会后悔你没有做的事情，而不是你做过的事情。所以，抛开束缚，离开安全的港湾，去探索、去梦想、去发现。

品牌故事

三十多年前，当史蒂芬·R.柯维（Stephen R. Covey）和希鲁姆·W.史密斯（Hyrum W. Smith）在各自领域开展研究以帮助个人和组织提升绩效时，他们都注意到一个核心问题——人的因素。专研领导力发展的柯维博士发现，志向远大的个人往往违背其渴望成功所依托的根本性原则，却期望改变环境、结果或合作伙伴，而非改变自我。专研生产力的希鲁姆先生发现，制订重要目标时，人们对实现目标所需的原则、专业知识、流程和工具所知甚少。

柯维博士和希鲁姆先生都意识到，解决问题的根源在于帮助人们改变行为模式。经过多年的测试、研究和经验积累，他们同时发现，持续性的行为变革不仅仅需要培训内容，还需要个人和组织采取全新的思维方式，掌握和实践更好的全新行为模式，直至习惯养成为止。柯维博士在其经典著作《高效能人士的七个习惯》中公布了其研究结果，该书现已成为世界上最具影响力的图书之一。在富兰克林规划系统（Franklin Planning System）的基础上，希鲁姆先生创建了一种基于结果的规划方法，该方法风靡全球，并从根本上改变了个人和组织增加生产力的方式。他们还分别创建了「柯维领导力中心」和「Franklin Quest公司」，旨在扩大其全球影响力。1997年，上述两个组织合并，由此诞生了如今的富兰克林柯维公司（FranklinCovey, NYSE: FC）。

如今，富兰克林柯维公司已成为全球值得信赖的领导力公司，帮助组织提升绩效的前沿领导者。富兰克林柯维与您合作，在影响组织持续成功的四个关键领域（领导力、个人效能、文化和业务成果）中实现大规模的行为改变。我们结合基于数十年研发的强大内容、专家顾问和讲师，以及支持和强化能够持续发生行为改变的创新技术来实现这一目标。我们独特的方法始于人类效能的永恒原则。通过与我们合作，您将为组织中每个地区、每个层级的员工提供他们所需的思维方式、技能和工具，辅导他们完成影响之旅——一次变革性的学习体验。我们提供达成突破性成果的公式——内容+人+技术——富兰克林柯维完美整合了这三个方面，帮助领导者和团队达到新的绩效水平并更好地协同工作，从而带来卓越的业务成果。

富兰克林柯维公司足迹遍布全球160多个国家，拥有超过2000名员工，超过10万个企业内部认证讲师，共同致力于同一个使命：帮助世界各地的员工和组织成就卓越。本着坚定不移的原则，基于业已验证的实践基础，我们为客户提供知识、工具、方法、培训和思维领导力。富兰克林柯维公司每年服务超过15000家客户，包括90%的财富100强公司、75%以上的财富500强公司，以及数千家中小型企业和诸多政府机构和教育机构。

富兰克林柯维公司的备受赞誉的知识体系和学习经验充分体现在一系列的培训咨询产品中，并且可以根据组织和个人的需求定制。富兰克林柯维公司拥有经验丰富的顾问和讲师团队，能够将我们的产品内容和服务定制化，以多元化的交付方式满足您的人才、文化及业务需求。

富兰克林柯维公司自1996年进入中国，目前在北京、上海、广州、深圳设有分公司。

www.franklincovey.com.cn

更多详细信息请联系我们：

北京 朝阳区光华路1号北京嘉里中心写字楼南楼24层2418&2430室
电话：(8610) 8529 6928　　　邮箱：marketingbj@franklincoveychina.cn

上海 黄浦区淮海中路381号上海中环广场28楼2825室
电话：(8621) 6391 5888　　　邮箱：marketingsh@franklincoveychina.cn

广州 天河区华夏路26号雅居乐中心31楼F08室
电话：(8620) 8558 1860　　　邮箱：marketinggz@franklincoveychina.cn

深圳 福田区福华三路与金田路交汇处鼎和大厦21层C02室
电话：(86755) 8337 3806　　　邮箱：marketingsz@franklincoveychina.cn

柯维公众号

柯维视频号

柯维+

富兰克林柯维中国数字化解决方案：

　　「柯维+」（Coveyplus）是富兰克林柯维中国公司从2020年开始投资开发的数字化内容和学习管理平台，面向企业客户，以音频、视频和文字的形式传播富兰克林柯维独家版权的原创精品内容，覆盖富兰克林柯维公司全系列产品内容。

　　「柯维+」数字化内容的交付轻盈便捷，让客户能够用有限的预算将知识普及到最大的范围，是一种借助数字技术创造的高性价比交付方式。

　　如果您有兴趣评估「柯维+」的适用性，请添加微信coveyplus，联系柯维数字化学习团队的专员以获得体验账号。

富兰克林柯维公司在中国提供的解决方案包括：

I. 领导力发展：

高效能人士的七个习惯®（标准版） The 7 Habits of Highly Effective People®	THE 7 HABITS of Highly Effective People® SIGNATURE EDITION 4.0	提高个体的生产力及影响力，培养更加高效且有责任感的成年人。
高效能人士的七个习惯®（基础版） The 7 Habits of Highly Effective People® Foundations	THE 7 HABITS of Highly Effective People® FOUNDATIONS	提高整体员工效能及个人成长以走向更加成熟和高绩效表现。
高效能经理的七个习惯® The 7 Habits® for Manager	THE 7 HABITS for Managers ESSENTIAL SKILLS AND TOOLS FOR LEADING TEAMS	领导团队与他人一起实现可持续成果的基本技能和工具。
领导者实践七个习惯® The 7 Habits® Leader Implementation	THE 7 HABITS Leader Implementation COACHING YOUR TEAM TO HIGHER PERFORMANCE	基于七个习惯的理论工具辅导团队成员实现高绩效表现。
卓越领导4大天职™ The 4 Essential Roles of Leadership™	The 4 Essential Roles of LEADERSHIP™	卓越的领导者有意识地领导自己和团队与这些角色保持一致。
领导团队6关键™ The 6 Critical Practices for Leading a Team™	THE 6 CRIRICAL PRACTICES FOR LEADING A TEAM™	提供有效领导他人的关键角色所需的思维方式、技能和工具。
乘法领导者® Multipliers®	MULTIPLIERS HOW THE BEST LEADERS MAKE EVERYONE'S INTELLIGENCE	卓越的领导者需要激发每一个人的智慧以取得优秀的绩效结果。
无意识偏见™ Unconscious Bias™	UNCONSCIOUS BIAS™	帮助领导者和团队成员解决无意识偏见从而提高组织的绩效。
找到原因™：成功创新的关键 Find Out Why™: The Key to Successful Innovation	Find Out WHY™ THE KEY TO SUCCESSFUL INNOVATION	深入了解客户所期望的体验，利用这些知识来推动成功的创新。
变革管理™ Change Management™	CHANGE How to Turn Uncertainty Into Opportunity™	学习可预测的变化模式并驾驭它以便有意识地确定如何前进。

培养商业敏感度™ Building Business Acumen™	Building Business —Acumen—	提升员工专业化，看到组织运作方式和他们如何影响最终盈利。

II. 战略共识落地：

高效执行四原则® The 4 Disciplines of Execution®	The 4Disciplines of Execution	为组织和领导者提供创建高绩效文化及战略目标落地的系统。

III. 个人效能精进：

激发个人效能的五个选择® The 5 Choices to Extraordinary Productivity®	THE 5 CHOICES to extraordinary productivity	将原则与神经科学相结合，更好地管理决策力、专注力和精力。
项目管理精华™ Project Management Essentials for the Unofficial Project Manager™	PROJECT MANAGEMENT ESSENTIALS For the *Unofficial* Project Manager	项目管理协会与富兰克林柯维联合研发以成功完成每类项目。
高级商务演示® Presentation Advantage®	Presentation— —Advantage TOOLS FOR HIGHLY EFFECTIVE COMMUNICATION	学习科学演讲技能以便在知识时代更好地影响和说服他人。
高级商务写作® Writing Advantage®	Writing— —Advantage TOOLS FOR HIGHLY EFFECTIVE COMMUNICATION	专业技能提高生产力，促进解决问题，减少沟通失败，建立信誉。
高级商务会议® Meeting Advantage®	Meeting— —Advantage TOOLS FOR HIGHLY EFFECTIVE COMMUNICATION	高效会议促使参与者投入、负责并有助于提高人际技能和产能。

IV. 信任：

信任的速度™（经理版） Leading at the Speed of Trust™	Leading at the SPEED OF TRUST	引领团队充满活力和参与度，更有效地协作以取得可持续成果。
信任的速度®(基础版) Speed of Trust®: Foundations	SPEED OF TRUST. FOUNDATIONS	建立信任是一项可学习的技能以提升沟通，创造力和参与度。

V. 顾问式销售：

帮助客户成功® Helping Clients Succeed®	HELPING CLIENTS SUCCEED	运用世界顶级的思维方式和技能来完成更多的有效销售。

VI. 客户忠诚度：

引领客户忠诚度™ Leading Customer Loyalty™	LEADING CUSTOMER LOYALTY	学习如何自下而上地引领员工和客户成为组织的衷心推动者。